新农村建设丛书

果品加工技术

刘静波　主编

吉林出版集团股份有限公司
吉林科学技术出版社

图书在版编目（CIP）数据

果品加工技术 / 刘静波主编. ——

长春：吉林出版集团股份有限公司，2007.10（2025.1 重印）

（新农村建设丛书）

ISBN 978-7-80720-874-7

Ⅰ. 果... Ⅱ. 刘.. Ⅲ. 水果加工 Ⅳ. TS255.36

中国版本图书馆 CIP 数据核字（2007）第 163926 号

果品加工技术
GUOPIN JIAGONG JISHU

主　　编	刘静波
责任编辑	林　丽
开　　本	850mm×1168mm　1/32
字　　数	95 千
印　　张	4
版　　次	2007 年 10 月第 1 版
印　　次	2025 年 1 月第 13 次印刷
印　　刷	三河市元兴印务有限公司

出　　版	吉林出版集团股份有限公司
	吉林科学技术出版社
发　　行	吉林出版集团股份有限公司
社　　址	吉林省长春市福祉大路 5788 号
邮　　编	130000
电　　话	0431-81629968
电子邮箱	11915286@qq.com
书　　号	ISBN 978-7-80720-874-7
定　　价	24.00 元

出版说明

　　《新农村建设丛书》是一套针对"农家书屋""阳光工程""春风工程"专门编写的丛书，是吉林出版集团组织多家科研院所及千余位农业专家和涉农学科学者倾力打造的精品工程。

　　丛书内容编写突出科学性、实用性和通俗性，开本、装帧、定价强调适合农村特点，做到让农民买得起，看得懂，用得上。希望本书能够成为一套社会主义新农村建设的指导用书，成为一套指导农民增产增收、脱贫致富、提高自身文化素质、更新观念的学习资料，成为农民的良师益友。

目　录

第一章　概　　述

第一节　水果的分类及品种

一、水果的分类

（一）温带落叶水果

温带落叶水果主要包含仁果类、核果类、浆果类、坚果类、杂果类等。其中仁果类有苹果、梨、山楂、海棠果等；核果类有桃、李、杏、梅、樱桃等；浆果类有葡萄、草莓、猕猴桃、桑葚、木瓜等；坚果类有核桃、板栗、胡桃等；杂果类有柿、枣等。

（二）温带和亚热带常绿水果

温带和亚热带常绿水果包含柑橘类、多年生草本类和其他类，柑橘类水果有柑橘、柚、柠檬、甜橙、橘等；多年生草本类水果有香蕉、菠萝等；其他类水果有枇杷、杨梅、荔枝、龙眼、橄榄、芒果、番石榴等。

二、常用于果品加工的品种

由于果品种类繁多，性质各不相同，加工的方法和产品多种多样，因此在选用加工原料时，应根据产地的特点和要求进行综合选择，常用的加工品种有：

（一）苹果

1. 国光　果实圆形或扁圆形，果面底色黄绿，有深红色断续条纹，果皮较厚，果粉多，果肉黄白或白色，质细而脆，果汁较多，贮藏后风味较浓，酸甜适口，果重一般 125～200 克，适于罐头、果脯等制作。

2. 红玉　亦称满红，主要产于辽宁省和山东省，采收期在9月上旬至11月上旬。果实多为圆形或卵圆形，底色黄，熟后全果面呈鲜红色或暗红色，皮光滑，果粉厚，果肉黄白色，肉质细腻而脆，果汁多，果重一般125～190克。

3. 翠玉　产于山东省，采收期9月下旬至10月上旬。果实为不正的扁圆形或圆形，果皮厚，绿色，阳面黄褐色，果心中等大，果肉脆嫩，果汁多，果重约180克，含可溶性固形物为12.76%、含糖量11.67%、含酸量0.61%，适于罐头和果汁制作。

（二）梨

1. 鸭梨　产地河北昌黎、辽宁北镇等，采收期9月至10月上旬。果实卵圆形或长圆形，果梗细长，基部略肥大。近梗处有一斜状凸起，果皮绿黄色，光滑，具有蜡质，果肉白色，质细，多汁，味甜，果心小，果重150～215克。

2. 莱阳梨　亦称慈梨，产于山东莱阳。采收期9月中下旬。果实倒卵圆形，果皮绿黄色或绿色，果面粗糙，常有大块锈斑，果肉乳白色，果心小，肉质细嫩多汁，味甜微香，果重131～250克。

3. 洋梨　亦称巴梨，产于山东烟台、辽宁大连、河南周口等地，采收期8～9月。果实瓢形，果面黄绿色，果肉白色，果心小，果重120～200克。贮藏后熟后，果皮变薄，色变黄，肉质变软，多汁，浓香，味甜微酸，为罐藏和制汁优良品种。

（三）桃

1. 金露黄桃　又名黄露、连黄，产于辽宁大连、浙江奉化、重庆潼南、福建福清等地。果实椭圆形，对称，果顶圆，顶尖稍凹，缝合线较明显，皮橙黄，果尖及核处稍带红色，肉质细韧，汁稍多，酸甜带香，黏核，果重平均140克，采收期7月上旬至8月中旬，为罐藏优良品种。

2. 丰黄　产于辽宁大连、浙江奉化、重庆潼南、福建福清等地。果实短椭圆形，果顶较圆，顶尖深凹，梗洼光深，缝合线浅而明显，皮橙黄色，阳面呈暗红色细点状红晕，果肉橙黄色，近核处红色，肉质细韧，汁中多，黏核，果重160～175克，采收期7月初至8月中旬，为罐藏优良品种。

3. 大久保　产于北京、四川、河南、辽宁等地。果实稍扁，果顶圆，梗洼窄而深，缝合线浅，不明显，果面底色淡黄绿色，阳面及果顶稍具红晕，有红色断续条纹与红点，皮较厚，果肉白色，近核处有红晕。采收时果肉致密，熟后柔软多汁，离核，果重135～275克，采收期6月下旬至8月中旬，为罐藏优良品种。

4. 京玉白桃　果实近圆形或椭圆形，果顶圆而略凸，梗洼深广，缝合线中深、对称，果皮浅黄绿至白色，阳面1/3～1/2有红晕，果肉乳白色，核窝处呈微红色，肉质细韧，汁较多，平均果重150克，采收期8月初。

5. 肥城桃　产于山东肥城。果大，重250～310克，果肉致密，汁多味甜，黏核，果汁品质优良。采收期9月下旬。

（四）杏

1. 红玉杏　产于山东济南。果实椭圆形，组织致密，个大，单果重60～80克。果皮、果肉均为橘红色，肉厚而细，汁多，含可溶性固形物13％～14％，适于加工果酱、糖水罐头、杏汁。采收期6月下旬。

2. 关爷脸　产于山东。果实长卵圆形，底色黄，阳面鲜红，有光泽，果中等大，单果重47克，纤维多，汁少，果肉中等厚，离核。适于加工果酱、果脯。采收期6月下旬。

3. 大榛杏　产于山东。果实近圆形，单果重15克，皮绿黄，易剥，果肉黄色，质软，纤维多，酸甜有香味，适于加工果酱、果汁、果酒及杏干。采收期6月下旬。

4. 红核甜　产于河北。果实中等大，呈扁圆形。顶部微凸，缝合线不明显，底色黄，面色浅紫红，皮薄，果肉黄色，质地脆，硬度中等，纤维细少，果汁较多，离核，含糖量5.97％、含酸量 1.19%、果胶 2.32%。采收期 6 月下旬。

（五）橘、柑、橙

1. 宁红（温州蜜柑）　果实扁圆，果形指数 1.34，果肉橙红色，甜酸适口，质地较脆，含可溶性固形物 12%、含糖量 9.2%、含酸量 0.77%，剥皮、分瓣、去丝容易，适于加工罐头。采收期 11 月上中旬。

2. 海红（温州蜜柑）　果实扁圆，果形指数 1.28，果肉橙红色，偏酸、味浓，质地较脆，具微香，含可溶性固形物 12.1%、含糖量 9.58%、含酸量 0.82%，剥皮、分瓣、去丝容易，适于加工罐头。

3. 大红袍红橘　产于四川。果实扁圆形，果大，纵径约 5.2 厘米，横径约 7.4 厘米，顶部微凹，蒂部乳状突起，果皮鲜红色，中部厚，光滑，极易剥落，果汁多，含可溶性固形物 15%、含糖量 9.8%、含酸量 0.37%。采收期 11 月下旬。

4. 伏令夏橙　果实圆形或稍长圆，果重 120～150 克。果顶圆而略扁，蒂部圆形，萼小而尖，果皮橙黄或橙红色，光滑或稍粗糙，囊瓣 9～12 个，果肉橙黄色或橙色，柔软多汁，酸甜适度，含糖量 11.67%、含酸量 0.97%，为制果汁的优良品种。

5. 锦橙　产于四川、湖北、云南、贵州。果大，长椭圆形，重 150～180 克，果顶平或微凹，蒂部较窄，果心小，囊瓣 8～13 个，柔软多汁，渣少，酸甜适度，味浓，微具香气，含可溶性固形物 12%～15%、含糖量 8.8%～8.9%、含酸量 0.86%～0.91%，为制汁优良品种。

（六）菠萝

1. 沙捞越（无刺卡因）　产于广东、广西、福建等地。果大，果皮黄绿或绿色，果眼大而浅，果肉橙黄至黄色，纤维中等，肉质柔软多汁，酸甜适中，果重 1～2 千克，为罐藏及鲜食兼用优良品种。采收期 6～8 月和 12 月至第 2 年 1 月。

2. 菲律宾　产于广西南宁、广东湛江。果实中等大，果眼呈梭状凸起，肉色深黄，鲜艳透明，质爽脆，汁多，纤维少，味香清甜，果重 0.78～1.5 千克，罐藏鲜食兼用优良品种。采收期 6～8 月份及 12 月至第 2 年 1 月。

3. 巴厘 产于海南、广东湛江。果实中大，果眼比沙捞越尖突，肉质爽脆，纤维少，汁中等，味香清甜，糖酸含量中等，罐藏鲜食兼用优良品种。采收期 5 月下旬至 7 月中旬。

（七）荔枝

1. 黑叶荔枝 产于福建、广东珠江三角洲、广西灵山。果实短卵圆形，两肩平整，果皮暗红色，瘤状突起较大而平，缝合线明显，纵径 2.9～3.8 厘米、横径约 3.2 厘米。肉厚而脆，多汁，核中等大，平均果重约 10 克，适宜制糖水罐头。采收期 6 月下旬至 7 月上旬。

2. 陈紫 产于福建莆田。果实短卵圆形，果顶丰满，蒂部微凹，果色鲜紫，皮瘤状凸起中央有小刺，缝合线不明显，纵径约 3.5 厘米、横径 3.3 厘米，果肉乳白色，味甜微酸，香浓，果重约 19.5 克，适宜制汁。采收期 7 月下旬。

3. 上番枝 产于福建福清。果实心脏形，果肩突起，果面瘤状突起明显，呈红色，果肉白色，肉厚核小，汁多，微甜带酸，晚熟，适宜罐藏。采收期 8 月上旬。

4. 下番枝 产于福建福清。果实大小似黑叶种，内厚核小，味甜，适宜罐藏。采收期 8 月下旬至 9 月初。

（八）龙眼

1. 南圆 产于福建福州、广西大新。果实扁圆形，果顶稍平，基部微凹，果肩宽，果面平滑。皮中等薄，土黄色，易于剥离，果肉乳白色，肉厚质脆，多汁味甜，核圆形黑褐色，果重 17～21 克，为罐藏优良品种。采收期 7 月下旬至 9 月初。

2. 福眼 产于福建泉州。果圆形，果面稍粗，黄褐色，果重 16～18 克，为罐藏优良品种。采收期 8 月下旬至 9 月上旬。

（九）枣

1. 金丝小枣　产于山东乐陵、无棣。果实椭圆或倒卵圆形，果重 5～9 克，果肉厚，质脆，味甜，核小，色泽红亮，皱纹细匀。采收期 9 月中旬。

2. 圆铃大枣　产于山东茌平、聊城、巨野。果实短锥圆形或短卵圆形，果重 15～24 克，果皮紫红，有光泽，肉厚，汁多，干制率 50.8%，采收期 9 月中下旬。

3. 义乌大枣　产于浙江义乌、兰溪等地。果实圆筒形，果重 16 克左右，果皮薄，赭色至枣红色，肉较厚，肉质松，味甜，干制率 24.8%，适宜加工干制品或蜜枣。8 月中旬采收。

（十）葡萄

1. 蛇龙珠　果穗中大，长 15～16 厘米，重 232 克以上。圆柱或圆锥形，果穗紧密，果粒中等大，百粒重约 212 克。圆形，果皮薄，紫红色，果粉较厚。味甜多汁，含糖量 17.8%～19.2%、含酸量 0.57%～0.8%，出汁率 75% 以上，为酿造红葡萄酒优良品种。

2. 赤霞珠　果穗小，长 13～15 厘米，重约 170 克，圆锥形，果穗中等紧密；果粒小，百粒重 182 克，近圆形，紫黑色，皮厚，果粉厚，多汁，含糖量 15%～19.2%、含酸量 0.55%～0.6%，出汁率 72%，适宜酿造干红葡萄酒、香槟酒及浓甜红葡萄酒。

3. 佳利酿　果穗极紧密，长 14.6～17.9 厘米、宽 10.6～12.3 厘米，重 276.1～631.1 克；果粒中等大，百粒重 155.9～249.9 克。近圆形，果皮紫黑色，中等厚。果粉较多，肉软多汁，味酸甜，含糖量 16.5% 以上、含酸量 1.07%，出汁率 81%～81.1%，可酿制红葡萄酒、白葡萄酒和香槟酒。

4. 雷司令　果穗小，圆锥形，部分有副穗，长 13～15 厘米、宽 7.5～10 厘米，重约 200 克，果粒小，近圆形，果皮中等厚，黄绿色，果粉薄。汁多，味甜，含糖量 17%～21%、含酸量 0.5%，出汁率 68%～72%，为酿制白葡萄酒和香槟酒的世界名种。

5. 玫瑰香　果穗中大，长 17.2 厘米、宽 10.8 厘米，重 292～428克，圆锥形，果穗松致密，果粒中等大，百粒重 400 克 左右，椭圆形，果皮紫红色，果粉中等，皮中等厚，柔软汁多，味甜，有浓麝香味。含糖量 17%、含酸量 0.5%～0.7%，出汁率 76% 以上，主要用于红葡萄酒的酿造。

（十一）草莓

1. 紫晶　果实圆锥形，果面及肉皆深红色，艳丽，单果重 12～15克，含糖量 7.91%、含酸量 1.01%，味酸，适宜加工糖 水罐头和果酱、果汁、果酒。

2. 鸡冠　果形扁或多分歧叉形，果面高低不平，果面及肉皆 暗红色，尖部常带绿色，单果重 15～20克，含糖量 24%、含酸 量 1%，味甜酸，适宜加工果酱。

3. 鸡心　果实圆锥形，重 9～18克，含糖量 7%～7.8%、含 酸量 0.95%～1.01%，适宜加工果酱、果酒、果汁。

4. 红衣　果实圆锥形，果面平整，果色鲜红，果肉红色，为中 熟品种，单果重 22.6克，适宜加工糖水罐头、果汁、果酒、果酱。

5. 红色岗特雷特　果实顶端小，低端大，果色紫红艳丽，阳 面红色，阴面黄色，果肉红色，含糖量 7.77%、含酸量 0.88%，单果重 25克，适宜加工果酒、果汁。

第二节　原料的预处理

新鲜果品通过不同的工艺，加工成各种各样的食品，例如果 干、罐头、果汁、果酒、果酱、蜜饯、果脯及腌渍品等。各种加 工品的制造工艺虽不相同，但对原料的选择、洗涤、分组、去 皮、切分、破碎、护色及水的处理等却有共同之处。

一、果品的选别和分级

进厂的原料绝大部分含有杂质，且大小、成熟度有一定的差 异。果品原料选别和分级的主要目的首先是剔除不合乎加工的果品，包括未熟或过熟的，已腐烂或长霉的果品，还有混入果品内的沙石、虫卵和其他杂质，从而保证产品的质量。其次，将进厂的原料进行预先的选别分级，有利于以后各项工艺过程的顺利进行。如将柑橘进行分级，按不同的大小和成熟度分级后，就有利于制订出最适合于每一级的机械去皮、热烫、去囊衣条件，从而保证有良好的产品质量和数量，同时也降低能耗和辅助材料的用量。选别时，将进厂的原料进行粗选，剔除虫蛀、霉变和伤口大的果实，对残、次果和损伤不严重的则先进行修整后再应用。

果品的分级包括大小分级、成熟度分级和色泽分级几种，视不同的果品种类及这些分级内容对果品加工品的影响而分别采用一项或多项。

在我国，成熟度区分常用目视估测的方法进行。在果品加工中，桃、梨、苹果、杏、樱桃、柑橘等常先要进行成熟度分级，大部分目视分成低、中、高三级。速冻酸樱桃常用灯光法进行色泽和成熟度分级。色泽的分级与成熟度分级在大部分果品中是一致的，常按色泽的深浅分开。除了在预处理以前分级外，大部分罐藏果品在装罐前也要进行色泽分级。按体积大小分级是分级的主要内容，几乎所有的加工果品均需按大小分级。分级的方法有手工分级和机械分级。

1. 手工分级　在生产规模不大或机械设备配套不全时常用手工分级，同时可配备简单的辅助工具，如圆孔分级板等。分级板由长方形板上开不同孔径的圆孔制成，孔径大小视不同的果品种类而定，通过每一圆孔的算一级。但不应在孔内硬塞下去，以免擦伤果皮。另外，果实也不能横放或斜放，以免大小不一。

除分级板外，有根据同样原理设计而成的分级筛，适用于果品，分级效率高，比较实用。

2. 机械分级　采用机械分级可大大提高分级效率，且分级均匀一致，目前常用的机械有滚筒式分级机、振动筛和分离输送机等。这些分级机的分级都是依据原料的体积和重量不同而设计的。

随着计算机的发展，把计算机与分级机连接在一起，利用计算机鉴别被分离果品的色泽、重量或体积，这样使果品的分级可完全实行自动化分级，现已成功地用在苹果、猕猴桃等的分级上面。

除了各种通用机械外，果品加工中有许多专用的分级机械，如橘片专用分级机和菠萝分级机等。

二、果品的清洗

果品原料清洗的目的在于洗去果品表面附着的灰尘、泥沙和大量的微生物以及部分残留的化学农药，保证产品的清洁卫生，从而保证制品的质量。果品原料在生产过程中常有许多来自土壤和植物器官的微生物。据报道，长有"烟煤"的甜橙，其表面的带菌数达每平方厘米几千甚至几十万个，某些有伤害的果品也同样含有大量的微生物。洗涤对于减少物料的带菌数，特别是耐热性芽孢，具有十分重要的意义。另一方面，现代农业常大量使用农药，洗涤对于除去果品表面的农药残留也有一定的意义。

对于农药残留的果品，或如枇杷等要手工剥皮的果品以及制取果汁、果酒、果酱、果冻等制品的原料，洗涤时常在水中加化学洗涤剂（表1—1）。常见的有盐酸、醋酸，有时用氢氧化钠等强碱以及漂白粉、高锰酸钾等强氧化剂，可除去虫卵，减少耐热菌芽孢。近年来，更有一些脂肪酸系的洗涤剂如单甘油酸酯、磷酸盐、蔗糖脂肪酸酯、枸橼酸钠等应用于生产。

果品的清洗方法多种多样，需根据生产条件、果品形状、质地、表面状态、污染程度、夹带泥土量以及加工方法而定。

表1—1　几种清洗试剂

药品种类	浓度	温度处理时间	处理对象
盐酸	0.5%～1.5%	常温3～5分钟	苹果、梨、樱桃等具蜡质果实
氢氧化钠	0.1%	常温3～5分钟	具果粉的果实，如苹果
漂白粉	600毫克/千克	常温3～5分钟	柑橘、苹果、桃、梨等
高锰酸钾	0.1%	常温10分钟左右	枇杷、杨梅、草莓、树莓等

1. 手工清洗　手工清洗是简单的方法，所需设备只要清洗

池、洗刷和搅动工具即可。在池上安装水龙头或喷淋设备，池底开有排水孔，以便排除污水。有条件时，在池底部装上可活动的滤水板，清洗时，泥沙等杂质可随时沉入底部，使上部水较清洁。大小可按需要建造，可建成方形、长形或圆形，池体可用砖砌成，再铺磨石和混凝土或瓷砖，也可用不锈钢板单个制成，池底装有重锤排污阀。

手工清洗简单易行，设备投资少，适用于任何种类的果品，但劳动强度大，非连续化效率低，对于一些易损伤的果品如杨梅、草莓、樱桃等，此法较合适。

普通手工清洗池可制成长方形，大小随意，也可以几个连在一起，在清洗池上方安装冷、热水管和喷头，用以喷水洗涤果品。另有一根水管直通池底，用其洗涤不需喷洗的原料。在清洗池上方有溢水管，下方为排水管。池底可安装压缩空气管，通入压缩空气使水翻动，提高清洗效果（图1—1）。

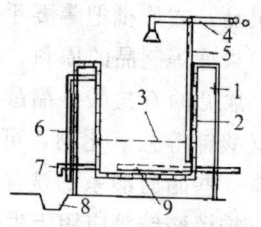

图 1—1　果品清洗池

1. 槽身　2. 瓷砖　3. 滤水板　4. 热水管　5. 通入槽底的水管
6. 溢水管　7. 排水管　8. 出水槽　9. 压缩空气喷管

2. 机械清洗　用于果品清洗的机械多种多样，典型的有如下几种：

（1）滚筒式清洗机　主要部分是一个可以旋转的滚筒，筒壁呈栅栏状，与水平面呈3°左右的倾斜，安装在机架上。滚筒内有高压水喷头，以300～400千帕的压力喷水。原料由滚筒一端经流水槽进入后，即随滚筒的转动与栅栏板条相互摩擦至出口，同时被冲洗干净。此种机械适合于质地比较硬和表面不怕机械损伤的原料，李、黄桃等均可用此法。

（2）喷淋式清洗机　在清洗装置的上方或下方均安装喷水装置，原料在连续的滚筒或其他输送带上缓缓向前移动，受到高压喷水的冲洗。喷洗效果与水压、喷头与原料间的距离以及喷水的水量有关，压力大，水量多，距离近，则效果好。此法常在柑橘制汁等连续生产线中应用。

（3）压气式清洗机　基本原理是在清洗槽内安装许多压缩空气喷嘴，通过压缩空气使水产生剧烈的翻动，物料在空气和水的搅动下进行清洗。在清洗槽内的原料可用滚筒、金属网、刮板等传递。此种机械用途广，常见的有草莓洗果机。

（4）桨叶式清洗机　这是在清洗槽内安装有桨叶的装置，每对桨叶垂直排列，末端装有捞料的斗。清洗时，槽内装满水，开动搅拌机，然后可连续进料，连续出料。新鲜水也可以从一端不断进入。

三、果品的去皮、切分、去心（核）

1. 果品的去皮　果品外皮一般口感粗糙，坚硬，虽有一定的营养成分，但口感不良，对加工制品均有一定的不良影响，如柑橘外皮含有精油和苦味物质，桃、梅、李、杏、苹果等外皮含有纤维素、果胶及角质，荔枝、龙眼的外皮木质化，因而，一般要求去皮，只有在加工某些果脯、蜜饯、果汁和果酒时因为要打浆、压榨或其他原因才不用去皮。

去皮时，只要求去掉不可食用或影响制品品质的部分，不可过度，否则会增加原料的消耗，且产品质量低下。果品去皮的方法很多，常见的有手工去皮、机械去皮、碱液去皮、热力去皮及冷冻去皮，此外还有处在研究中的酶法去皮、真空去皮等。

（1）手工、机械去皮　手工去皮是用特别的刀、刨等工具人工削皮，应用较广，优点是去皮干净，损失率少，并有修整的作用，同时也可以去心、去核、切分等同时进行，在果品原料质量较不一致的条件下能显示出其优点。但手工去皮费工、费时，生产效率低，大量生产时困难较多。此法常用在柑橘、苹果、梨、柿、枇杷等果品上。

机械去皮采用专门的机械进行。机械去皮机主要有下述三大类。

①旋皮机　主要原理是在特定的机械刀架下将果品皮旋去，适合于苹果、梨、柿、菠萝等大型果品。

②擦皮机　利用内表面有金刚砂，表面粗糙的转筒或滚轴，产生摩擦力而擦去表皮。这种方法常与热力去皮连用，如桃的去皮。

③专用的去皮机械　专门为某种果品去皮而设计，如菠萝去皮机。

机械去皮比手工去皮的效率高，质量好，但一般要求去皮前原料有较严格的分级。另外，用于果品去皮的机械，特别是与果品接触的部分应用不锈钢制造，否则会使果肉褐变，且由于器具被酸腐蚀而增加制品内的重金属含量。

（2）碱液去皮　碱液去皮是果品原料去皮中应用最广的方法，其原理是利用碱液的腐蚀性来使果品表皮内的中胶层溶解，从而使果皮分离。绝大部分果品如桃、李、苹果等，皮是由角质、半纤维素组成，较坚硬，抗碱能力也较强。有些种类果皮与果肉的薄壁组织之间主要是由果胶等物质组成的中层细胞，在碱的作用下，此层甚易溶解，从而使果品表皮剥落。碱液处理的程度也由此层细胞的性质决定，只要求溶解此层细胞，这样去皮合适且果肉光滑，否则就会腐蚀果肉，使果肉部分溶解，表面毛糙，同时也增加原料的消耗损失。

碱液去皮常用氢氧化钠，因此物腐蚀性强且价廉。也可用氢氧化钾或者与氢氧化钠的混合液，但氢氧化钾较贵。有时也用碳酸氢钠等碱性稍弱的碱，或者是用碳酸钠（土碱与石灰的混合液），这种方法适应于果皮较薄的果品。为了帮助去皮可加入一些表面活性剂和硅酸盐，因它们可使碱液分布均匀，易于作用。

碱液去皮时碱液的浓度、处理的时间和碱液温度为 3 个重要参数，应视不同的果品原料种类、成熟度和大小而定。碱液浓度高，处理时间长及温度高会增加皮层的松离及腐蚀程序。适当增加任何一项，都能加速去皮作用。如温州蜜柑囊瓣去囊衣时，0.3％左右的碱液在常温下需 12 分钟左右，而 35℃～40℃时只需 7～9 分钟，在 0.7％的浓度、45℃下仅 5 分钟即可。生产中必须视具体情况灵活掌握，只要处理后经轻度摩擦或搅动能脱落果皮，且果肉表面光滑即为适度的标志。几种果品的碱液去皮参考条件见表 1－2 所示。

表 1－2　几种果品的碱液去皮参考条件

果品种类	NaOH 浓度（％）	液温（℃）	处理时间（分钟）	备注
桃	1.5～3	90～95	0.5～2	淋或浸碱
杏	3～5	90 以上	0.5～2	淋或浸碱
李	5～8	90 以上	2～3	浸碱
苹果	8～12	90 以上	2～3	浸碱
海棠果	20～30	90～95	0.5～1.5	浸碱
梨	8～12	90 以上	2～3	浸碱
全去囊衣橘片	0.3～0.75	30～70	3～10	浸碱
半去囊衣橘片	0.2～0.4	60～65	5～10	浸碱
猕猴桃	10～20	95～100	3～5	浸碱
枣	5	95	2～5	浸碱
青梅	5～7	95	3～5	浸碱

经碱液处理后的果品必须立即在冷水中浸泡、清洗，反复换水，同时搓擦、淘洗，除去果皮渣和黏附余碱，漂洗至果块表面无滑腻感，口感无碱味为止。漂洗必须充分，否则有可能导致果品制品，特别是罐头制品的 pH 值偏高，导致杀菌不足，使产品败坏，同时口感也不良。为了加速降低 pH 值和清洗，可用

0.1%～0.2%盐酸或0.25%～0.5%的枸橼酸水溶液浸泡，这种方法还有防止果品变色的作用。盐酸比枸橼酸好，因盐酸离解的氢离子和氯离子对氧化酶有一定的抑制作用，而枸橼酸较难离解。同时，盐酸和原料的余碱可生成盐类，抑制酶活力。盐酸更兼有价格低廉的优点。

碱液去皮的处理方法有浸碱法和淋浸法两种。

①浸碱法　可分为冷浸与热浸，生产上以热浸较常用。将一定浓度的碱液装在特制的容器（热浸常用夹层锅）中，将果实浸一定的时间后取出搅动，摩擦去皮，漂洗即成。

简单的热浸设备常用夹层锅，用蒸气加热，手工浸入果品、取出、去皮。大量生产可用连续的螺旋推进式浸碱去皮机或其他浸碱去皮机械，其主要部件均由浸碱箱和清漂箱两部分组成。

②淋碱法　将热碱液喷淋于输送带上的果品上，淋过碱的果品进入转筒内，在冲水的情况下与转筒内表面接触，翻滚摩擦去皮。杏、桃等果实常用此法。

碱液去皮优点甚多，首先是适应性广，几乎所有的果品均可应用碱液去皮，且对原料表面不规则、大小不一的原料也能达到良好的去皮目的。其次，碱液去皮掌握合适时，损失率较少，原料利用率较高。第三，此法可节省人工、设备等。但必须注意碱液的强腐蚀性，保证安全，设备容器等必须由不锈钢制成或用搪瓷、陶瓷制成，不能使用铁或铝制容器。

（3）热力去皮　果品先用短时间的高温处理，使之表皮迅速升温而松软，果皮膨胀破裂，与内部果肉组织分离，然后迅速冷却去皮。此法适用于成熟度高的桃、杏、枇杷等。

热力去皮的热源主要有蒸气（常压和加压）与热水。蒸气去皮一般采用近100℃的蒸气，这样可以在短时间内使外皮松软，以便分离。具体的热烫时间，可根据原料种类和成熟度而定。

用热水去皮时，小量的可采用锅内加热的方法，大量生产时，采用带有传送装置的蒸气加热沸水槽。果品经短时间的热水浸泡后，用手工剥皮或高压冲洗。桃可在100℃的蒸气下处理8～10分钟，淋水后用毛刷辊或橡皮辊冲洗；枇杷经95℃以上的热水烫2～5分钟即可剥皮。

（4）酶法去皮 在果胶酶的作用下，可使柑橘的囊瓣果胶水解，脱去囊衣。将橘瓣放在1.5%果胶酶液中，在35℃～40℃、pH值2.0～3.5的条件下处理3～8分钟，可达到去囊衣的目的。酶法去皮能充分保存果品的营养、色泽及风味，是一种理想的去皮方法。但酶法去皮只能用在果皮较薄的原料上，且成本高。

（5）冷冻去皮 将果品在冷冻装置中经轻度表面冻结，然后解冻，使皮松弛后去皮，此法适应于桃、杏、核桃内皮的去除。具研究表明：核桃仁在－40℃下迅速冷冻，然后在0℃下用强冷风吹核桃仁皮即可脱落。

除以上去皮方法外，另外还有真空去皮、火焰去皮、紫外线去皮等方法。

2. 果品原料的切分、去心（核）、修整破碎 体积较大的果品原料在罐藏、干制、加工果脯、蜜饯时，为了保持适当的形状，需要适当地切分。切分的形状则根据产品的标准和性质而定。制果酒、果汁，加工前须破碎，使之便于压榨或打浆，提高取汁效率。核果类加工前须去核，仁果类则须去心。有核的柑橘类制罐头时须去种子。枣、柑橘、梅等加工蜜饯时须划缝，刺孔。罐藏或果脯、蜜饯加工时为了保持良好的形状外观，须对果块在装罐前进行修整。

上述工序在小量生产或设备较差时一般手工完成，常借助于专用的小型工具。如枇杷、山楂、枣的捅核器，匙形的去核心器，金柑、梅的刺孔器等（见图1－2），规模生产常用多种专用机械，如劈桃机、多功能切片机和专用切片机。

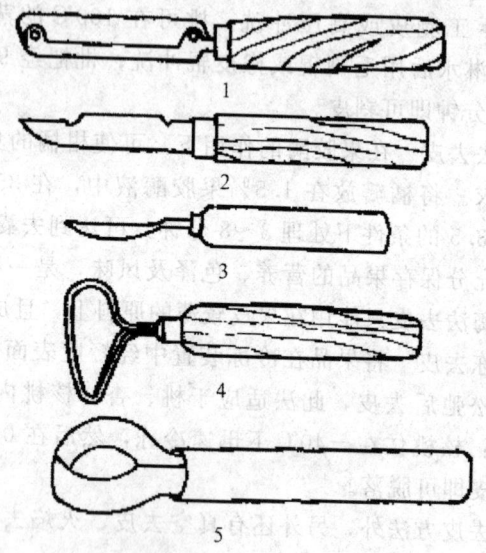

图 1—2　各种修整、去核、去心小工具

1. 去皮刀　2. 去皮去心刀　3. 挖换器　4. 去心刀　5. 去心刀

果品的破碎常由破碎打浆机完成。刮板式打浆机也常用于打浆、去子。制取果酱时果肉的破碎也常采用绞肉机进行。果泥加工可用磨碎机或胶体磨。

葡萄破碎、去梗、送浆联合机为我国葡萄酒厂的专用设备，成穗的葡萄送入进料头后，经成对的破碎辊破碎后，去梗，再一起送入发酵池中，自动化程度很高。

四、果品的烫漂

果品的烫漂，在生产中常称预煮，即将已切分的或经其他预处理的新鲜原料放入沸水或热蒸气中进行短时间的处理。主要目的在于：

（1）果品原料经过烫漂处理后可以钝化其内部的酶，排除果实内部空气，防止果品多酚类物质及色素、维生素C等发生氧化褐变，具有稳定或改进色泽的作用。

（2）原料经烫漂后，组织细胞死去，膨压消失，改变了细胞膜的通透性。在果品干制、糖制过程中，使水分易蒸发，糖分易渗入，不易产生裂纹和皱缩。

（3）烫漂可以除去果品表面的大部分污物、虫卵、微生物及残留农药。

（4）利于空气从组织中排出，体积缩小，烫漂以后组织比较透明，色泽明亮。但是烫漂同时要损失一部分营养成分，热水烫漂时，果品要损失相当的可溶性固形物。果品烫漂常用的方法有热水和蒸气两种。热水烫漂的优点是物料受热均匀，升温速度快，方法简便。缺点是可溶性固形物损失多，其烫漂用水的可溶性固形物浓度随烫漂的进行不断加大，且浓度越高，果品中的可溶性物质损失越多，故应不断更换。

果品烫漂的方法可用手工在夹层锅内进行，现代化生产常采用专门的连续化机械，依其输送物料的方式，目前主要机械有链带式连续预煮机和螺旋式连续预煮机。

果品烫漂的程序，应根据果品的种类、块形、大小、工艺要求等条件而定。一般情况下，特别是罐藏时，从外表上看果实烫至半生不熟，组织较透明，失去新鲜果品的硬度，但又不像煮熟后的那样柔软即被认为适度。烫漂条件也以果品中的最耐热的过氧化物酶的钝化作标准，特别是在干制和冷冻时更如此。

五、果品的抽空处理

某些果品如苹果、梨等内部组织较松，含空气较多，对加工、特别是罐藏不利，须进行抽空处理，即将原料在一定的介质里置于真空状态下，使内部空气释放出来，代之为糖水或无机盐水等介质。

果品的抽空装置主要由真空泵、气液分离器、抽空锅组成（图1—3）。真空泵采用食品工业中常用的水环式，除能产生真空外，还可带走水蒸气。抽空锅是带有密封盖的圆形筒，内壁用不锈钢制造，锅上有真空表、进气阀和紧固螺丝。

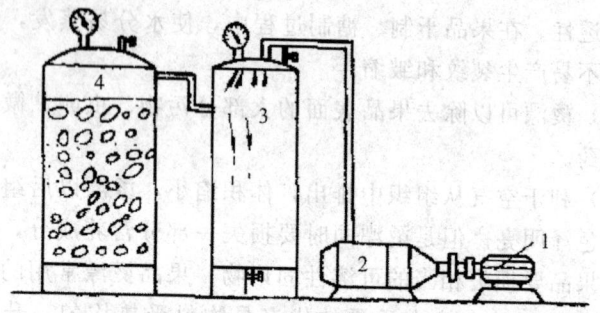

图 1-3 抽空系统示意图
1. 电动机 2. 真空泵 3. 气液分离器 4. 抽空锅

1. **果品抽空方法** 果品抽空的具体方法有干抽和湿抽两种，分述如下：

（1）干抽法 将处理好的果品装于容器中，置于 90 千帕以上的真空室或锅内抽去组织内的空气，然后吸入规定浓度的糖水或盐水等抽空液，使之淹没果面 5 厘米以上，当抽空液吸入时，应防止真空室或锅内的真空度下降。

（2）湿抽法 将处理好的果实，浸没于抽空液中，放在抽空室内，在一定的真空度下抽去果内的空气，抽至果品表面透明。

果品所用的抽空液常用糖水、盐水、护色液 3 种，因种类、品种和成熟度而选用。原则上抽空液的浓度越低，渗透越快；浓度越高，成品色泽越好。

2. **抽空处理的条件和参数** 抽空处理的条件和参数主要有：

（1）真空度 真空度越高，空气逸出越快，一般在 87～93 千帕为宜。成熟度高，细胞壁较薄的果品真空度可低些，反之则要求高些。

（2）温度 理论上抽空液温度越高，渗透效果越好，但一般不宜超过 50℃。

（3）抽气时间 果品的抽气时间依品种而定，一般抽至抽空液渗入果块，而呈透明状或半透明状即可，生产时应做小型试验。

（4）果品受抽面积　理论上受抽面积越大，抽气效果越好。小块比大块好，切开好于整果，皮核去掉的好于带皮核的。但这应根据生产标准和果品的具体情况而定。

六、果品的护色

果品去皮和切分之后，与空气接触会迅速变成褐色，从而影响外观，也破坏了产品的风味和营养品质，这种褐变主要是酶褐变，由果品中的多酚氧化酶氧化具有儿茶酚类结构的酚类化合物，最后聚合成黑色素。关键的作用因子有酚类底物、酶和氧气。因为底物不可能除去，一般护色措施均从排除氧气和抑制酶活力两方面着手，在加工预处理中所用的方法有下述几种：

1. 食盐水护色　将去皮或切分后的果品浸于一定浓度的食盐水中，原因是食盐对酶活力有一定的抑制和破坏作用；另外，氧气在盐水中的溶解度比空气小，故有一定的护色效果。果品加工中常用$1\%\sim2\%$的食盐水护色。桃、梨、苹果、枇杷类均可用此法。用此法护色后应注意漂洗净食盐，这点对于果品尤为重要。

2. 熏硫和亚硫酸盐溶液护色　熏硫是将被护色的果品放入密闭室中，点燃硫黄或直接通入SO_2气体，使果品吸收SO_2气体，达到护色的目的。一般每100千克果品要硫黄2千克或每立方米熏硫室空间约用200克。

亚硫酸盐既可防止酶褐变，又可抑制非酶褐变，效果较好。常用的亚硫酸盐有亚硫酸钠、亚硫酸氢钠和焦亚硫酸钠等。罐头加工时应注意采用低浓度，并尽量脱硫，否则易造成罐头内壁产生硫化斑。但干制等可采用较高的浓度。有报道，加工香蕉泥可用2%的亚硫酸钠护色，硫处理不仅对果品的护色有良好的效果，而且常在半成品保存中用它来延长果品的保藏期。

3. 酸溶液护色　酸性溶液可降低 pH 值以及果品多酚氧化酶的活力，而且由于氧气在酸液中的溶解度较小而兼有抗氧化作用，大部分有机酸还是果品的天然成分，所以优点甚多。常用的酸有枸橼酸、苹果酸或抗坏血酸，但后者费用较高，故除了一些名贵的果品或速冻时加入外，生产上一般采用枸橼酸，浓度在0.5%～1%。

另外，有时可把食盐、亚硫酸氢钠、枸橼酸三者混合在一起使用，它们可起到相互协同作用，增强护色效果。工厂最常用的护色液的配制是用2%的氯化钠，0.2%的枸橼酸和0.02%的亚硫酸氢钠混合液，可对绝大多数果品的护色起到很好的作用。

除以上3种护色剂外，烫漂和抽空处理也是常用的护色方法，且效果很好，尤其是烫漂。

第二章 水果罐头加工技术

第一节 加工的基本工艺流程

果品罐藏对原料的要求最为严格。虽然大部分果品都能罐藏，但其适应性在品种、品系之间常有很大的差异，以至于罐藏常局限于少数几个品种上，这些品种称为罐藏用种或罐藏专用种，它们与鲜食用种虽有不少相似之处，但往往有其特殊的品种特性。罐藏对原料的要求包括栽培和加工工艺两个方面。

栽培上要求树势强健，结果习性良好，丰产，抗逆性强等。工艺上的要求依当前的加工工艺过程和成品质量标准而定。为使成品达到一定的色、香、味，应达到糖、酸含量适中，以及无异味等要求。在品种成熟期方面，罐藏要求早、中、晚品种搭配，但常以中、晚熟品种为佳，原因是后者品质常优于早熟品种。再者，工业生产要求有较长的加工季节，因此，只有耐藏的中、晚熟种才能满足这一要求；在成熟度方面，要求有适当的工艺成熟度，以便于贮运，减少损耗，这种成熟度往往略高于采收成熟度，略低于鲜食成熟度，称之为罐藏成熟度。

果品罐藏的工艺过程大致为原料处理（包括洗涤、切分、去皮、去核、预煮、酸碱处理等）、装罐加糖液，再经封罐、杀菌和冷却，最后包装，其中原料处理和加热杀菌对果品原料有特殊的要求。为了便于原料处理的机械化和自动化，要求果实形状整齐，大小适中；为了避免预煮、酸碱处理和加热杀菌时果块组织溃烂，汁液混浊，要求果肉组织紧密，具有良好的煮制性。此外，为了减少加工过程中的损耗，降低原料的消耗定额，提高产品率，要求果皮、果核、果心等废弃部分少。

以上各种要求，有的决定于果品的品种特性，须在选育品种时加以注意，有的取决于栽培管理。

一、罐装对各种果品的要求

（一）柑橘

用以生产全去囊衣或半去囊衣糖水橘片罐头的品种，由于工艺上要求必须去皮和分囊，所以只有宽皮橘类才符合这一要求。生产上以全去囊衣品质为上，主要产地有日本、中国、西班牙、摩洛哥、南非和以色列，其中以日本产量最大。

加工上，要求柑橘肉质紧密，色泽鲜艳，香味浓郁，糖分含量高，糖酸比合适。果形扁圆，大小适中，果形指数在 1.30 以上，橘片形态接近于半圆形且整齐，果皮厚薄中等，无干缩剥皮难现象，橙皮苷含量低，以无核为好，要求充分成熟。

世界主产国中，日本、西班牙用普通温州蜜柑生产，摩洛哥用克莱门丁红橘生产，我国则用温州蜜柑和本地早生产。我国现有的温州蜜柑品系有尾张、池田、山田、大长、宫川和松木。

半去囊衣橘片罐头质量仅次于全去囊衣罐头，只在我国有生产。浙江用早橘、四川用大红袍（川橘、帽盒子、高墩等）、广东用蕉柑、福州用福橘生产，比较之下，以早橘为好。

（二）桃

糖水桃罐头是世界上果品罐头的大宗商品，生产量和贸易量均居世界首位，其产量近百万吨，其中美国约占 2/3。桃罐藏用品要求：

1. 色泽　白桃白色至青白色果尖，合缝线及核洼处无花色素，白桃不含花色素。黄桃含有大量的类胡萝卜素，稍有褐变也不如白桃明显，并且具有波斯系及其杂种所特有的香气和风味，故品质远优于白桃。

2. 不溶质　不溶质桃果实耐贮运及加工处理，劳动生产率高，原料吨耗低。溶质品种，尤其是水蜜桃，不耐贮运，加工中破碎多，损耗大，劳动效率低，烂顶和毛边，质量低。

3. 黏核　黏核种肉质较致密，粗纤维少，树胶质少，劈桃损失少，去核后核洼光洁；离核种则相反，常是较好的鲜食品质。

所谓的"罐桃品种"常指黄肉、不溶质、黏核品种。此外，罐藏用桃还要求果形大，不扁圆；核小，可食率高；风味好，无显著涩味和异味，香气浓；成熟度接近成熟，单果各部位成熟一致，后熟较慢等。

我国通过几十年的引种和选育，目前的罐藏用种有丰黄、连黄、橙艳、罐藏5号、罐藏14号、明星、黄露等。另有不溶质的60-24-7、中州白桃、晚白桃、北京24号等白肉桃用于罐藏。

（三）梨

罐藏对梨的要求是果实中等大小，果实圆正或"梨形"；果面光滑，果心小，风味好，香味浓；石细胞和粗纤维少，肉质细致；加工过程中无明显褐变，不具备无色花色素的红变现象；适度后熟，果肉硬度达7.7～9.6千克（用顶尖直径8毫米的硬度计）；加工梨还要求耐贮运。

巴梨是罐藏专用种，此外，秋福、大红巴梨、大香槟等均可用于罐藏。日本梨以长十郎为好，其他的20世纪、菊水、八云、晚三古及早生赤、黄蜜、今村秋、今村夏等也可少量加工。中国梨用作罐藏的有慈梨（莱阳）、雪花梨（赵县）、鸭梨（昌黎）、秋白梨（绥中、燕山）和苹果梨（延边、张掖）。

（四）枇杷

枇杷为我国特产果品之一，但产量不多，远不能满足罐头工业的需求。枇杷果实中心存在大型种子，出品率较低，但因其加工品色泽美观、风味好而颇受欢迎。加工上要求原料品种色泽橙红至橙黄；果肉丰厚，肉质致密而粗纤维少，耐煮制；糖酸含量高，风味浓郁；种核少而小，出品率高。

适宜于罐藏的品种：安徽歙县的光荣、大红袍、朝宝（草包）、扁核、小红花等。特点是肉质紧密，杀菌后不变形，但成熟后略欠酸味。浙江杭州的大红袍和黄岩的洛阳青，也是果大质优。福建的鸭蛋本、禾东本、梅花霞、太城4号、板红等也具有良好的罐藏性能。日本用于罐藏的有田木和茂木，品质一致，仅少量生产。

（五）苹果

苹果不是主要的罐藏原料，也无罐藏专用种。一般要求果实大小适当，果径约7厘米；果形圆正，肉质紧密硬而有弹性，耐煮制，无明显褐变反应；风味好，成熟后鲜脆等。常用于罐藏的品种有红玉和醇露。其他还有青龙、印度、柳玉、凤凰卵、国光、可口香、小国光、富士、青冠等。

（六）凤梨

凤梨为主要的罐藏原料，成品的风味比新鲜还要好，国际上销路日益扩大，制品则有圆片、扁形块、碎块等。罐藏良种有无刺卡因、沙捞越、巴厘、红色西班牙、皇后和来母。

罐藏要求果形大，呈长椭圆形，果长比（果实长度与平径横径之比）大于1，最好为1.5。锥度比（离果顶1/4长度处的横径与离果顶3/4处的直径之比）接近于1，以0.95～1.05之间为好；果心小而且居于中间，果眼浅；果肉金黄色，孔隙率少；风味浓郁，糖酸平衡；无损伤、缺陷（黑心、水疱、霉烂和褐斑）；果实应适当后熟，果肉呈半透明为好。

（七）杏

罐藏杏要求果实大而圆正，肉质致密，粗纤维少，果肉色泽深黄，易去皮，风味优良；成熟度适当，过熟会软烂，过生则带涩味。

我国杏罐藏种有串枝红（河北巨鹿、邢台）、荷包杏（山东烟台）、玉杏（山东济南）、鸡蛋杏（河南渑池）、大红杏（辽宁锦州）、大杏梅（辽宁丹东），北京地区还有铁巴达、红桃、黄桃、老爷脸等。

（八）栗

罐藏栗要求果形大而整齐，肉质紧密，双子少，去种壳和涩皮容易，种肉风味好，加热后呈鲜丽的金黄色，不破裂，还要求抗病虫能力强。

中国栗一般去种壳和涩皮容易，风味好，但加热后易破裂。主要加工用品种有红皮油栗（浙江金华、河北迁安）、大明栗（河北邢台、山东泰安）、毛栗（广东阳山）。日本栗去种壳和涩皮较困难，风味较差，但耐煮制，适用罐藏的品种有银寄、田原银寄、岸根及赤中。

（九）中华猕猴桃

猕猴桃系我国原产，但栽培以新西兰为多。带毛猕猴桃由于果心大、种子多、味酸、风味差和成品色泽暗，大多不适用于罐藏。在无毛猕猴桃中，圆形和椭圆形品种比较适宜。外形美观，肉色黄绿，甜酸适口且香味浓。罐藏原料应选形大品种，大形果（25个/千克）的出果肉率约比小形果（55个/千克）高17％。近年来，全国各地均选育有优良的猕猴桃品系。

（十）荔枝

荔枝为我国特产之一。罐藏要求果较大而圆正，核小肉厚，果肉洁白而致密；糖分高，香味浓，涩味淡，风味好；酶褐变轻。常用品种有马叶、槐枝、阳紫、上番枝、下番枝、尚书怀、桂味等。

（十一）龙眼

龙眼为我国特产，罐藏应选用果肉乳白色、肉厚核小、肉质紧密、褐变轻的品种。品种以福州南圆为最，其次是东壁（糖瓜蜜）、石峡等。

（十二）李

李罐藏不多，要求选黄肉种为好，肉质紧密，耐煮制，种核小，易去皮，所用品种有鸡心李、班黄李、黄姑李。

（十三）葡萄

罐藏葡萄要求果穗上果粒均匀一致，粒大，肉丰，种子少，有特殊的香味。黑色和深色品种常因易褐变而不选用。美洲种葡萄因易被煮烂，又不易去皮，故不适用。常用的罐藏葡萄品种有白玫瑰、葡萄园皇后及一些温室葡萄类。

（十四）无花果

无花果在罐藏时无需去心、去核，故加工简单，加工适性较好。罐藏要求果实大小中等，均匀一致，浅色或白色，种腔小，风味良好，在充分成熟前不开裂的品种。罐藏品种有卡多塔、塞利斯特、木兰等。

二、罐头制作的主要工艺及操作要点

果品罐头加工工艺过程包括原料的预处理、装罐、排气、密封、杀菌、冷却、成品检验等。其中原料的预处理（如挑选、分级、切分、去皮、去核、护色、抽空等）已在前面提及，下面从装罐开始分别叙述。

（一）装罐前空罐的准备和处理

空罐在使用前首先要检查空罐的完整性。对铁皮罐要求罐形整齐，缝线标准，焊缝完整均匀，罐口和罐盖边缘无缺口或变形，铁壁无锈斑或脱锡现象。对玻璃罐要求罐口平整，光滑，无缺口、裂缝，玻璃壁中无气泡等。

其次，要进行清洗和消毒。罐藏容器在加工、运输和贮藏中附有灰尘、微生物、油脂等污物，必须对容器进行清洗和消毒，保证容器的清洁卫生，提高杀菌效率。

玻璃罐的清洗、消毒方法：玻璃罐容器上的油脂和污物常采用有毛刷的洗瓶机刷洗，或用高压水喷洗。方法是先将玻璃罐浸泡于温水中，然后逐个用转动的毛刷刷洗罐瓶的内外部，再放入万分之一的氯水浸泡，取出后再用清水洗涤数次，沥干水后倒置备用。

回收的旧瓶罐，常粘有食品碎屑和油脂，需用 $2\%\sim3\%$ 的 NaOH 溶液，在 $40\,℃\sim50\,℃$ 温度下浸泡 $5\sim10$ 分钟，除去脂肪和贴商标的胶水。也可采用无水碳酸钠（Na_2CO_3）、磷酸二氢钠（NaH_2PO_4）溶液进行清洗。

最理想的洗涤剂是既能去污，又能中和酸液，除净有机物和无机物，消灭微生物。目前有一种混合洗涤液，是采用 70℃的 1%～4%氢氧化钠、1.5%磷酸钠和 2.0%～2.5%水玻璃组合而成的混合液，浸洗 8～10 分钟，效果很好。

洗净的玻璃瓶，常在 90℃～100℃热水中短时消毒并除去碱液。一般来讲，洗净的玻璃瓶在使用前再用 95℃～100℃的蒸气或沸水消毒 10～15 分钟，备用。胶圈须经水浸泡脱硫后使用。罐盖使用前用沸水消毒 3～5 分钟，沥干水分，或用蒸气、75%酒精消毒也可。

（二）罐注液的配制

果品贮藏中，除了液态食品（果汁）、糜状黏稠食品（果酱）或干制品外，一般要向罐内加注液汁，称为罐注液、填充液或汤汁。果品罐头的罐注液一般是糖液。罐头加注汁液的作用：增加罐头食品的风味，改善营养价值；有利于罐头杀菌时的热传递，升温迅速，保证杀菌效果；排除罐内大部分空气，提高罐内真空度，减少内容物的氧化变色；罐注液一般保持较高的温度，可以提高罐头的初温，提高杀菌效率。

1. 罐注液配制要求

（1）原料　白砂糖色泽洁白，不含杂质或有色物质，纯度在 99%以上（市售的可达 99.5%左右）。因蔗糖的生产方法不同，其含硫量不同，采用亚硫酸法生产的白糖因残留 SO_2 多，易引起罐壁腐蚀，最好不选用，所以宜选用碳酸法生产的蔗糖。

（2）所用的水要清洁、无色、透明、无杂质、无异味，符合饮用水卫生标准，以软水为宜。

（3）配糖的用具、容器忌用铁器、铝器。

（4）浓度要准确，根据开罐糖液浓度、原料的可溶性固形物含量、净重等因素准确配制糖液。有的灌注液中需加 0.01%～0.05%的枸橼酸。

（5）要随配随用，不宜放置过夜（低浓度糖液）否则影响产品色泽。

2. 糖液配制浓度和计算 糖液浓度的要求：我国目前生产的各类果品罐头，一般要求开罐时的糖液浓度为 $14\% \sim 18\%$。每种果品罐头装罐的糖液浓度，可根据装罐前果品本身可溶物含量，每罐装入的果肉量及每罐实际加入的糖液量，按下式计算：

$$m_1 w_1 + m_2 w_2 = m_3 w_3$$

式中：m_1——每罐装入果肉量（克）；m_2——每罐装入糖液量（克）；m_3——每罐净重（克）（果肉和糖液）；w_1——装罐前果肉可溶性固形物含量（%）；w_2——配置糖液浓度（%）；w_3——开罐时的糖液浓度（%）。

在制造罐头的过程中，经常遇到原料的成熟度多变，其可溶性固形物也因成熟度不同而异，虽然罐头成品中规定的固形物含量、开罐浓度、装罐量不变，但装罐糖液浓度必须随时根据每批原料装罐时，果肉中可溶性固形物的含量而作相应的变动，否则将会导致成品项目达不到标准要求。

3. 糖液温度 糖液必须煮沸、过滤后方可装罐。糖液若需加酸时，应先化糖后加酸，以减少蔗糖转化，否则转化糖过多，遇蛋白质后会生成黑色素，影响色泽。

4. 糖液配制方法 有直接法和稀释法两种：

（1）直接法 根据装罐需要的糖液浓度，直接称取砂糖和水，在溶糖锅内加热搅拌溶解，并煮沸，用纱布过滤，校正浓度后备用。

（2）稀释法 先配成高浓度的浓糖液，称为母液，装罐时根据需要浓度以水稀释。果品罐藏常用此法，先配成 65% 的浓糖液。稀释方法可用如下方法：

①浓糖液稀释计算 现有 65% 的浓糖液需稀释至 35% 的糖液，问需要浓糖液和水各多少？

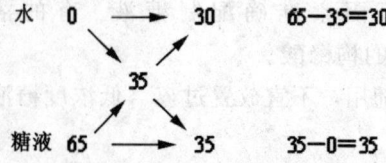

大数减小数，得数即为需用的浓糖液及水的量。上式中，水 30 份，65％浓糖液 35 份，即 6 : 7（质量比），混合后即得 35％ 的糖液。

②不同浓度的糖液混合计算　现有 40％及 25％两种浓度的糖液，问配成 30％浓度的糖液，各需两种糖液多少？

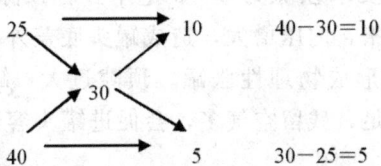

大数减小数，得数即为两种浓度的糖液需要量。上式中需 25％浓度的糖液 10 份与 40％浓度的糖液 5 份混合，最终产品即为 30％的糖液。

糖液浓度一般用折光仪测定，用 °Bx 表示。温度对折光读数影响很大，只有在 17.2℃ 时，测定数据最为准确，温度高于 17.2℃，则折光读数下降，反之则增大，必要时须用温度与糖度对应表校正。

（三）装罐

按产品标准要求，挑出变色、软烂的果实（果块），剔除斑点、病虫害部分，按块形大小分开装罐。

1. 装罐的工艺要求　半成品和糖液应迅速装罐，糖液要趁热装入，半成品不应堆积过多，以减少微生物污染，影响杀菌效果。

每罐应保证质量，力求大小、色泽、形态大致均匀，有块数要求者，应控制每罐装入块数，固形物和净重必须达到要求。

（1）净重　指罐头容器和罐头内容物总质量减去容器质量后所得的质量，罐头内容物包括液体和固体在内，一般要求每罐净重允许公差为 ±3％，出口的罐头应无负公差。装量不足，称为"伪装"；装量太多，不仅浪费原料，还会因此引起"假胖听"。

一般要求每罐固形物含量为 14%～35%，常见的为 15%～20%。装罐时注意搭配合理，排列式样适当，使其色泽、块形、大小、个数协调，美观。装罐时，保持罐口清洁，不得有小块、小片及糖液，以免影响封罐密封性。

（2）留有适当的顶隙　顶隙是指罐头内容物表面和罐头盖之间的空隙。一般要求顶隙为 3～8 毫米。若顶隙过小，杀菌时，罐内原料受热膨胀，内压增大，造成罐头底盖外突，可能造成密封不良，冷却后形成物理性胀罐。顶隙过大，罐内食品装量不足，加之排气不足，残留空气多，会促进罐头容器的腐蚀，引起表层上食品变色、变质。

（3）装罐温度　一般要求趁热装罐，装罐后不要堆积过多，否则会造成排气后罐内中心温度达不到要求，增加微生物污染的机会而影响杀菌效果。

（4）注意卫生，严格操作　防止杂物混入罐内，保证罐头质量。

2. 装罐方法　有人工和机械装罐两种方法。果品罐头因原料及成品形态不一，大小、排列方式各异，所以多采用人工装罐。

（1）排气

①排气的目的　抑制好气性细菌及真菌的生长发育；排除顶隙及内容物中的空气（实指 O_2），减轻铁罐内壁的氧化腐蚀和内容物的变质，延长罐头制品的贮藏寿命；进行加热杀菌时，应防止玻璃罐的"跳盖"和铁皮罐的变形。由于杀菌温度高于排气温度，尤其高压杀菌，杀菌时罐头的内压必然增大，若罐内没有适度真空，内压的增大，会使罐头"跳盖"、膨胀变形而爆裂。反之，排气后形成的适度真空，可以防止上述现象的产生；减少维生素 C 和其他营养物质的损失，较好地保持产品的色、香、味，减少或防止氧化变质；罐头内保持一定的真空状态，使罐头的底盖维持一种平坦或向内凹陷的状态，这是正品的外部象征，便于成品检查。

②排气的方法

a. 加热排气法　内容物加热至一定温度。趁热装罐，紧接密封。果酱类罐头内容物装罐后，通道排气箱加热至罐中心温度达到 75℃～85℃后，立即密封。加热排气的温度越高，时间越长，则罐内及食品组织中的空气被排除越多，但过高的排气温度易引起果品组织软烂及糖液溢出，同时造成密封后真空度过高，形成瘪罐。一般排气箱温度为 80℃～95℃，时间 7～15 分钟，罐中心温度可达 75℃或 75℃以上。

加热排气有以下特点：设备容量可按设计要求确定，且一次能容纳数量较多的罐头，同时对任何罐型都适用，特别适用于玻璃罐头的排气；随时可以调节排气的温度和时间，以适应品种和罐型等不同的要求；可以和半自动封罐机配套使用。

最简单的加热排气设备是五柜式的排气箱，其规格是 3 毫米厚的钢板做成长 100 厘米、宽 70 厘米、高 130 厘米的长方形排气箱，内部共分 5 层，箱的底部装有一根直径为 2.35 厘米的多孔蒸气管，以供给热源。操作时，将罐头放入预制的托盘内，放入排气箱隔板上，将门关严，通入蒸汽，当罐中心温度达到要求时，立即取出罐头。

b. 抽空排气（机械排气）　是利用机械设备来排除罐内的空气。目前小企业多采用半自动真空封罐机，一般真空度以 46 662～59 994 帕为宜。对于含空气较多的果实，如苹果、梨等，还应配合装罐前的抽空处理，提高或弥补封罐机真空度不能达到要求的目的。

（2）密封　果品罐头的密封是个关键工序，密封杀菌后，罐头内容物与外界隔绝，不再受外界空气及微生物的浸染而引起腐败变质，显然，密封质量极为重要。

罐头食品的密封设备，除四旋、六旋等罐型用手旋紧外，其他使用封罐机密封。封罐机类型很多，有手扳封罐机、半自动真空封罐机、全自动真空封罐机等。

（四）杀菌、冷却

1. 杀菌

（1）罐头食品杀菌的目的及其含义　杀菌的目的在于消灭绝大多数对罐内食品起败坏作用和产毒致病的微生物，使罐头制品得以保存。

罐头食品的杀菌是属商业杀菌，不能消灭所有的微生物，特别是一些嗜热性的细菌，仅是利用热能杀灭有害菌，抑制某些不产毒致病的微生物，这与细胞学上的杀菌——绝对无菌的含义是不同的。因为过度杀菌，会使果肉组织软烂，汁液混浊，色泽、风味变劣。

杀菌过程中，真菌和酵母菌不耐高温处理，是比较容易控制和杀灭的。罐头的热杀菌主要是杀灭那些在无氧或微量氧的条件下仍能活动而产生孢子的厌氧性细菌。

杀菌过程是指罐头由原始温度（初温），升到杀菌所要求的温度，并在此温度下保持一定的时间，达到杀菌目的后结束杀菌，立即冷却至适温的过程。杀菌过程可以简化为下式：

$$\frac{T_1 - T_2 - T_3}{t}$$

式中 t——杀菌温度

T_1——由初温至杀菌温度所需时间（分钟）

T_2——杀菌时间（分钟）

T_3——降温时间（分钟）

（2）杀菌方法　目前果品罐头的杀菌方法通常采用常压杀菌、加压蒸气杀菌及加压杀菌等。一般果品罐头采用常压杀菌（表2—1）。

表 2—1　几种果品罐头的杀菌条件（100℃）

罐头种类	罐型	杀菌条件
橘子罐头（全去、半去囊衣）	781	3～13 分钟
橘子罐头（半去囊衣）	8113	5～17 分钟
橘子罐头（半去囊衣）	玻璃罐	6～18 分钟
樱桃	8113	5～15 分钟
苹果	8113、7114	5～20 分钟
梨	8113、7114	5～35 分钟
西洋梨	8113 玻璃罐	5～25 分钟
西洋梨	7114	5～15 分钟
桃	8113、7114	5～45 分钟
桃	玻璃罐	5～45 分钟
杏	8113、7114	5～20 分钟
李	8113	5～20 分钟
草莓	玻璃罐	5～15 分钟
山楂	玻璃罐	5～15 分钟

①常压杀菌　将罐头放入常压的热水或沸水中进行的杀菌方式。杀菌温度不超过 100℃，适用于 pH 值低于 4.5 的酸性和高酸性食品的杀菌，如糖水苹果、梨、桃、杏等罐头的杀菌。此杀菌方式所需设备简单。

需要注意的是海拔。同一品种的罐头在海拔较高的地区进行杀菌时，其杀菌时间要适当延长。一般要求是海拔每升高 300米，需延长杀菌时间 20%。一种果品罐头在海平面的杀菌时间是30 分钟，若在高 300 米的地方杀菌，则需 36 分钟。

②加压杀菌　此法适用于低酸性（pH 值大于 4.5）罐头食品的杀菌，但有的果品罐头采用加压杀菌，可大幅缩短杀菌时间。根据加压杀菌设备不同，可分为以下两种类型：

a. 加热蒸汽杀菌　将罐头放入卧式杀菌锅（图 2—1）内，通入一定压力的蒸气，排除锅内空气，使锅内温度升至预定的杀菌温度，经过保温一定时间而达到杀菌目的。

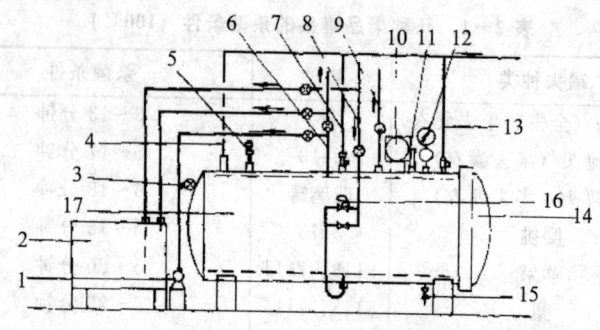

图2-1 卧式杀菌锅装置图

1.水泵 2.水箱 3.溢流管 4、7、13.放气阀 5.安全阀 6.进水管
8.进气管 9.进压缩空气管 10.温度记录仪 11.温度计 12.压力表
14.锅门 15.排气管 16.薄膜阀门 17.锅体

b. 加压水杀菌 多将罐头放入立式杀菌锅内进行高压杀菌。加压后锅内水的沸点可达100℃以上，水的沸点温度与锅内压力成正比，即压力愈大，沸点温度愈高。

无论采用哪种加压杀菌法，其共同的操作步骤可分下面3个阶段：

第一，排气升温阶段，为达到杀菌温度，首先将杀菌器内的空气排出，然后升温至杀菌温度。

第二，杀菌阶段，维持在一定杀菌温度下的杀菌。

第三，消压降温阶段，罐头加压杀菌结束后，必须逐渐消除杀菌器内的压力并降温后方可打开杀菌器的密封盖，而后进行罐头的冷却。

操作过程是：罐头装入加压杀菌器后，将密封盖锁紧，打开排气阀和泄气阀，同时打开蒸汽阀并以最大的流量冲击排出杀菌器内的空气。杀菌器内开始升温，升温的时间以短为宜，但要以排完杀菌器内的空气为前提。升温阶段特别须要注意的是，杀菌器内的温度和压力是否相符。例如，压力为0.1兆帕时，相对应的温度为100℃（沸点），压力为0.176兆帕时，温度为115℃，压力为0.211兆帕时，温度为121℃。如果杀菌器内的温度低于压力表上所示压力的相应温度，即说明空气未排净，应继续排气，直至温度与压力相符，关闭排气阀，停止排气，而进行杀菌。

杀菌结束后，进行消压降温。消压降温操作至关重要。因为在加压高温条件下杀菌，罐头内容物膨胀，压力增大，如果消压过快，会使罐头变形、罐盖脱落，甚至爆破，因此，杀菌器的上部常安装有压缩空气装置，以均衡罐头内外的压力，而维持罐盖的密封及安全。

2. 冷却　罐头食品杀菌后，必须迅速冷却，以避免内容物长时间受高温作用，有利于制品风味、色泽、组织结构的保持与改善。

（1）冷却的方法　通常采用冷水喷淋和水浸两种方法，或者两种方法配合使用，即先淋后浸。采用常压杀菌的罐头，冷却时可转入冷却池进行冷却。若用杀菌车，杀菌完毕即可关闭蒸气管，开启冷水管冷却。采用加压杀菌的罐头，如前所述，仍须采用加压冷却（反压冷却），以保证杀菌器内罐头内外压力的均衡，防止胀罐或破裂。

仅须注意，玻璃罐冷却时应分段降温，即按水温80℃→60℃→40℃，每段相差20℃，以防罐瓶破裂。铁皮罐头杀菌后可直接投入冷水中冷却。一般冷却到38℃～40℃，利用罐本身的余热，使罐身表面水分蒸发干燥，并结合人工擦罐，防止罐盖生锈。

（2）冷却用水　冷却水要符合国家饮用水卫生标准。

（五）贮存

果品罐头的贮存场所要求清洁、通风良好。果品罐头在贮存过程中，影响其质量好坏的因素很多，但主要的是温度和湿度。

1. 温度　在罐头贮存过程中，应避免库温过高或过低及库温的剧烈变化。温度过高会加速内容物的理化变化，导致果肉组织软化，失去原有风味，产生变色，降低营养成分，并会促进罐壁腐蚀，也给罐内残存的微生物创造发育繁殖的条件，导致内容物腐败变质。实践证明，库温在20℃以上，容易出现上述情况。温度再高，贮藏期明显缩短。但温度过低（低于罐头内容物冰点以下），制品易受冻，造成果品组织解体，易发生汁液混浊和沉淀。贮存适温一般为0℃～10℃。

2. 湿度　库房内相对湿度过大，罐头容易生锈、腐蚀乃至罐壁穿孔。因此要求库房干燥、通风，有较低的湿度环境，以保持相对湿度70％～75％为宜，最高不要超过80％。此外，罐瓶要码成通风垛，库内不要堆放具有酸性、碱性及易腐蚀的其他物品，不要受强日光曝晒等。对罐头成品要进行贴标，即将印刷有食品名称、重量、成分、功能、产地、厂家等的商标，贴在罐壁上，便于消费者选购。优质产品应配以美丽的商标图案，以增加商品的竞争力。

（六）果品罐头的检验

1. 感官检验　罐头的感官检验包括容器的检验和罐头内容物质量检验。

（1）罐头容器的检验

①观察瓶与盖结合是否紧密牢固，胶圈有无起皱；罐盖的凹凸变化情况；罐盖打号是否合乎规定要求；罐体是否清洁及锈蚀等。

②对于罐盖外凸的（胖听罐），可用手指按压法，鉴别胖听的性质。手指按下罐盖稍下陷的罐头为正常罐；若用力压才下陷的，内容物可能开始变质；若用大力压不下去或强行压下而又鼓起，说明是胖听罐头。

③用打检法敲击罐盖，以声音判定罐内的真空度，进而判断罐内食品的质量状态。一般规律是凡是声音发实、清脆、悦耳的，说明罐内气体少，真空度大，食品质量没有什么变化，一般是好罐。若敲击声发空、混杂、噪耳，说明罐内气体较多，真空度小，罐内食品已在分解、变质。打检棒一般采用金属制成，重约50克，长20～50厘米，头部呈一圆球形。圆球直径0.9～2.0厘米。

（2）罐头内容物质量检验　主要是对内容物的色泽、风味、组织形态、汁液透明度、杂质等进行检验。开罐后，观察内容物的色泽是否保持本品种应有的正常颜色，有无变色现象，气味是否正常，有无异味。根据要求，果实是否去皮、除子核，果块软硬程度，块形是否完整，同一罐内果块大小是否均匀一致，有无病虫、斑点等。汁液的浓度、色泽、透明度、沉淀物和夹杂物是否合乎规定要求。品评风味是否正常，有无异味或腐臭味。

2. 理化检验　包括罐头的总重、净重、固形物的含量、糖水浓度、罐内真空度及有害物质等。

（1）真空度的测定　正常的罐头，真空度为2937～5065帕。检测方法：打检法，但不够精确；采用真空测定法，方法如前述。

（2）净重和固形物比例的测定

①净重　罐头的毛重减去空罐重即为净重。净重的公差每罐允许±3%。但每批罐头平均值不应低于净重。

②固形物占净重的比例　一般用筛滤去汁液后，称取固形物质量，按质量分数（%）计算。

（3）可溶性固形物（泛指糖水浓度）的测定　最简单的测定方法是用折光仪（手持糖量计）测定。大厂可用阿贝折光仪测定。测定时，应注意测定时的温度，一般在室温20℃下进行，否则，应记录测定时的室温，再根据温度校正表修正。

（4）有害物质的检验　包括罐内重金属含量、防腐剂及农药残留量的测定。

要求500克内容物中，锡不超过200毫克，铜不超过10毫克，铅不超过2毫克。原则上罐内果品不应有防腐剂。

3. 微生物检验　将罐头堆放在保温箱中，维持一定的温度和时间，如果罐头食品杀菌不彻底或再浸染，在保温条件下，会使微生物繁殖，罐头变质。

为了获得可靠数据，取样要有代表性。通常每批产量至少取

12 罐。抽样的罐头要在适温下培养，促使活着的细菌生长繁殖。中性和低酸性食品以在 37℃下至少 1 周为宜。酸性食品在 25℃下保温 7～10 天。在保温培养期间，每日进行检查，若发现有败坏现象的罐头，应立即取出，开罐接种培养，但要注意环境条件洁净，防止污染。经过镜检，确定细菌种类和数量，查找带菌原因及防治措施。

第二节　实例分析

一、山楂罐头的加工技术

（一）工艺流程

原料分选→选果→去蒂柄→去果核→软化→装罐→加热排气→封罐→杀菌→冷却→擦罐→入库

（二）制作方法

1. 原料分选　果实选八九成熟的。果皮呈红色或紫红色，果实横径在 2 厘米以上，不萎缩，无干疤、虫眼和机械伤。

2. 选果　按山楂大小分级。一级品直径在 2.5 厘米以上，二级品在 2～2.5 厘米之间。

3. 去蒂柄、去果核　先用除核器切去果蒂柄，然后从果蒂处下刀顶出果核，注意防止果实破裂。残留果核应在 5% 以下。

4. 软化　预煮前要清洗 3 次，然后放在 70℃的温水中预煮软化，经 1～2 分钟后捞出，放入冷水中冷却。

5. 装罐　将 30% 浓度的糖水放在铝锅中加热煮沸，用纱布过滤备用。玻璃罐应洗净消毒备用。罐盖与胶圈须在沸水中煮 5 分钟。称 205 克山楂果肉装入罐中，加注糖水 300 克。

6. 加热排气　在 100℃的排气箱中加热排气 10 分钟。

7. 封罐　趁热在封罐机上加盖密封，封罐时罐中心温度应达 75℃。

8. 杀菌、冷却　在沸水中杀菌 15 分钟，然后分段冷却至 38℃。

9. 擦罐、入库　擦去罐头表面水分及污物后进库。在 20℃ 恒温下贮存 7 天，检查合格后贴标签，装箱出库。

二、橘子罐头的加工技术

（一）工艺流程

原料→选果分级→去皮、分瓣→去囊衣→整理→分选装罐→配糖水→排气、密封→杀菌、冷却→检验→成品

（二）操作要点

1. 原料要求　果实扁圆，直径 46～60 毫米；果肉橙红色，囊瓣大小均一，呈肾脏形，不要呈弯月形，无种子或少核，囊衣薄；果肉组织紧密、细嫩、香味浓、风味好，糖含量高，可溶性固形物在 10% 左右，含酸量为 0.8%～1%，糖酸比适度（12：1），不苦；易去皮；八九成熟时采收。

2. 选果分级　原料进厂后应在 24 小时内投产，若不能及时加工，可按短期或长期贮藏所要求的条件进行贮存。加工时应首先除去畸形、干瘪、霉烂、重伤、裂口的果实，再按大、中、小分为三级。

3. 去皮分瓣　将分级后的果实分批投入沸水中热烫 1～2 分钟，取出趁热进行人工去皮、去络、分瓣处理，处理时再进一步选出畸形、僵瓣、干瘪及破伤的果瓣，最后再按大、中、小分级。

4. 去囊衣　去囊衣是橘子罐头生产中的一个关键工序，它与产品汤汁的清晰程度、白色沉淀产生情况及橘瓣背部砂囊柄处白点形成直接相关。目前常用酸碱处理法去囊衣，即先用酸处理，再用碱处理脱去囊衣。去囊衣时，橘瓣与酸碱的体积比值为 1：（1.2～1.5），橘瓣应淹没在处理液中。脱囊衣的程度一般由肉眼观察；全脱囊衣要求能观察到大部分囊衣脱落，不包角，橘瓣不起毛，砂囊不松散，软硬适度。半脱囊衣以背部外层囊衣基本除去，橘瓣软硬适度、不软烂、不破裂、不粗糙为度。酸碱处理后要及时用清水浸

泡橘瓣，碱处理后须在流动水中漂洗 1～2 小时后才能装罐。

5. 整理　全脱囊衣橘瓣整理是用镊子逐瓣去除囊瓣中心部残留的囊衣、橘络和橘核等，用清水漂洗后再放在盘中进行透视检查。半脱囊衣橘瓣的整理是用弧形剪剪去果心、挑出橘核后，装入盘中再进行透视检查。

6. 分选装罐　透视后，橘瓣按瓣形完整程度、色泽、大小等分级别装罐，力求使同一罐内的橘瓣大致相同。装罐量按产品质量标准要求进行计算。

7. 配糖水　橘瓣分选装罐后加入所配糖水。糖水浓度为质量百分比，糖水的浓度及用量应根据原料的糖分含量及成品的一般要求（14%～18%的糖度标准）来确定，一般浓度为 40%。

8. 排气密封　中心温度 65℃～70℃。

9. 杀菌冷却　净重为 500 克的罐头的杀菌式为：$8'\sim10'$ —$(14'\sim15')$/100℃分段冷却。

10. 检验　杀菌后的罐头应迅速冷却到 38℃～40℃，然后送入 25℃～28℃的保温库中保温检验 5～7 天，保温期间定期进行观察检查，并抽样做细菌和理化指标的检验。

（三）质量标准

1. 感官指标

（1）外观　橘肉表面具有与原果肉近似之光泽，色泽较一致，糖水较透明，允许有轻微的白色沉淀及少量橘肉与囊衣碎屑存在。

（2）滋味气味　具有本品种糖水橘子罐头应有的风味，甜酸适口，无异味。

（3）组织形态　全脱囊衣橘片的橘络、种子、囊衣去净，组织软硬适度，橘片形态完整，大小大致均匀，破碎率以质量计不超过固形物的 10%，半脱囊衣橘片囊衣去得适度，食之无硬渣感，剪口整齐，形态饱满完整，大小大致均匀，破碎率以质量计不超过固形物的 30%（每片破碎在 1/3 以上按破碎论）。

（4）杂质　不允许存在。

2. 理化指标

（1）净重　每罐允许公差为±5%，但每批平均不低于净重。

（2）固形物含量及糖度　果肉含量不低于净重的50%，开罐时糖水浓度（按折光计）为12%～16%。

（3）重金属含量　每千克制品中锡不超过100毫克，铜不超过5毫克，铅不超过1毫克。

3. 微生物指标　无致病菌及微生物作用所引起的腐败特征。

三、苹果罐头加工技术

（一）工艺流程

原料选择→洗果→去皮→修整→切分→挖心→抽真空→装罐加糖水→排气→密封→杀菌→冷却

（二）制作方法

1. 原料选择　选用新鲜、圆整、脆嫩多汁、成熟度和色泽大致相同的原料，按大小分级除去病虫果和机械损伤果。

2. 洗果　将苹果用流动水冲洗干净。

3. 去皮　用削皮机削皮，或用碱液去皮（氢氧化钠浓度为12%～15%，煮沸后浸入苹果1～2分钟，立即捞出投入水中冲洗干净，擦去表皮皮层）。苹果去皮后立即投入1%氯化钙溶液中，或浸入1%～2%盐水中，防止变色。

4. 修整　修去未去干净的残皮、蒂把、花萼等。

5. 切分　用不锈钢刀将苹果纵切对半，大型果切3～4块，然后浸入1%盐水中。

6. 挖心　用刀挖净籽、果梗、花萼，浸泡在1%盐水中，果块不完整的挑出来另行处理。

7. 抽真空　将苹果块冲洗干净，装入不锈钢篮中，放入盛有20%糖水的抽真空锅内。糖水温度在40℃以下，将盖盖严，打开抽真空的开关，在80～93千帕压力下，抽15～30分钟，抽到苹果果肉透明，此法称为抽湿法。

8. 装罐加糖水　每罐装入果块 275～300 克，糖水 200～225 克。糖水浓度为 20%～40%，温度为 85℃，糖水中加入 0.15% 枸橼酸。

9. 排气　在 95℃下排气 10～15 分钟，排气后罐中的温度在 75℃以上。

10. 密封、杀菌　在沸水中煮 10～20 分钟。

11. 冷却　冷却到 40℃。

四、桃子罐头加工技术

（一）工艺流程

原料选择→分级→切分→去核→去皮→预煮→冷却→修整→装罐、注糖水→加热排气→封罐、杀菌→冷却

（二）制作方法

1. 原料选择　采用新鲜度好、未成熟过度和不过生的桃子，剔除有机械伤、腐烂和表面呈青白色的果实。

2. 分级　将桃子分为 50～60 毫米及 60 毫米以上 2 级，每级中再分生熟 2 级，共为 4 级。

3. 切分　先将桃子表面的泥沙和桃毛洗净，用不锈钢水果刀沿缝合线切分，防止切偏。

4. 去核　用圆形挖桃圈挖出桃核（去核的桃片要立即放入淡盐水中，以防变色）。

5. 去皮　将半桃反扣，进行淋碱去皮（氢氧化钠溶液浓度为 13%～16%，温度 80℃～85℃，时间 50～80 秒钟。淋碱后迅速搓去残留果皮，再以流动水洗去果实表面残留碱液）。

6. 预煮　将桃片放在 95℃～100℃热水中煮 4～8 分钟，以煮透为度，预煮前，先在水中加入 0.1% 的枸橼酸，待水煮沸后再倒入桃片。

7. 冷却　煮后迅速冷却，以冷透为度。

8. 修整　割除表面斑点及残桃皮，使切口无毛边，核洼光滑。果块呈半圆形。

9. 装罐、注糖水　将玻璃罐洗净，与罐盖一起在沸水中煮 5 分钟。不同色泽和大小的桃块分开装罐。先装入大小均匀的桃块 330 克，然后注入 28% 的糖水 180 克，以接近装满为度。

10. 加热排气　在排气箱中放置 12 分钟，至罐中心温度达 75℃ 即可。

11. 封罐、杀菌　趁热封罐，封罐后在沸水中煮 10～20 分钟。

12. 冷却　玻璃罐用 60℃、40℃ 温水分段冷却。

第三章　水果干制加工技术

第一节　基本原理及影响干燥速率的因素

一、果品干制的基本原理

食品腐烂是微生物活动的结果。通过减少食品的含水量或降低水分活性，可抑制微生物的活动和其本身的生化反应，从而延长食品的保存期。

果品的含水量一般在 70%～90%，以游离水、胶体结合水和化合水 3 种状态存在。果品干制蒸发的水分绝大多数是游离水和部分胶体结合水。

果品水分蒸发主要依赖两种作用，即水分的外扩散作用和内扩散作用。干制开始时，原料表面的水分蒸发要比内部水分蒸发得快，干燥速率决定于表面水分的蒸发速率，称水分外扩散；当原料水分蒸发至 50%～60% 时，内部水分活性高于外部水分活性，大量的内部水分开始向外（原料表面）扩散，其干燥速率决定于内部水分向外扩散的速率，称水分内部扩散。由于外扩散的结果，造成原料表面和内部水分之间的水蒸气分压差，水分由内部向表面移动，以求原料各部分平衡。在干制后期，开始蒸发胶体结合水，因此，干制后期蒸发速度就显得缓慢。

另外，在原料干燥时，因各部分温差发生与水分内扩散方向相反的水分的热扩散，其方向从较热处移向不太热的部分，即由四周移向中央。但因干制时内外层温差甚微，热扩散作用进行得较少，主要是水分从内层移向外层的作用。如水分外扩散远远超过内扩散，则原料表面会过度干燥而形成硬壳，降低制品的品质，阻碍水分的继续蒸发。这时由于内部水分含量高，蒸发压力大，原料较软部分的组织往往会被压破，使原料发生开裂现象。干制品含水量达到平衡水分状态时，水分的蒸发作用就看不出来，同时原料的温度与外界干燥空气的温度相等。

干燥过程可分为两个阶段，即恒速干燥阶段和降速干燥阶段。在两个阶段交界点的水分称为临界水分，这是每一种原料在一定干燥条件下的特性。

一方面原料蒸发一定量的水分要消耗一定量的热能，在干燥初期、干燥介质传热和原料本身吸收热，需要一段时间才使原料品温逐渐升高而开始蒸发水分，另一方面蒸发作用进行时，原料本身所含的有机物质、空气、水分都受热膨胀，就其膨胀系数而言，通常气体比液体大，液体又比固体大。干燥初期，原料内部存在较多的空气和大量的游离水，品温不断增高，致使空气和水蒸气膨胀，原料内部压力增大，促使原料内部的水分向表面移动而蒸发，这时候只要原料表面有足够的水分，原料表面的温度维持在湿球温度，水分在表面汽化的速度是起控制作用的，称之为表面汽化控制。因干燥速度不随时间的变化而变化，所以又称为恒速干燥阶段。随着干燥作用的进行，当原料的水分含量减少到 $50\% \sim 60\%$ 时，游离水已大为减少，开始蒸发部分胶体结合水。这时，内部水分扩散速度较表面汽化速度小，扩散速度随着干燥时间的延长而下降，这一阶段称为降速干燥阶段。

干燥后期，干燥的热空气使原料品温上升较高，当原料表面和内部水分达到平衡状态时，原料的温度与空气的干球温度相等，水分的蒸发作用停止，干燥过程也告结束。

二、影响干燥速度的因素

在干制过程中，干燥速度的快慢，对于果品干制品质好坏起决定性的作用，当其他条件相同时，干燥得愈快，愈不容易发生不良变化，成品的品质就愈好。干燥的速度在很大程度上取决于干燥介质的温度、相对湿度和气流循环的速度，同时受到果品种类、状态的影响。

1. 干燥介质的温度　果品的干燥是把预热的空气作为干燥介质。但是，这种热空气不是干的，而是湿的，是干空气和水蒸气的混合物。当这种热空气与润湿的原料接触时，即将所带的热放出，原料吸收这部分热量而使它所含的一部水分汽化，空气的温度则降低。因此，要使原料继续干燥，就必须连续不断地提高干空气和水蒸气的温度。

果品干制时，尤其在干制初期，一般不宜采用过高的温度，否则会产生以下不良现象：

第一，果品含水量很高，骤然与干燥的热空气相遇，就会使组织中的汁液迅速膨胀，易使细胞壁破裂，内容物流失。

第二，原料中的糖分和其他有机物因高温而分解或焦化，有损成品的外观和风味。

第三，高温低温易造成原料表面结壳，从而影响水分的散发。

因此，在干燥过程中，要控制干燥介质的温度稍低于致使果品变质的温度，尤其对于富含糖分和芳香物质的原料，应特别注意。

2. 干燥介质的湿度　空气的温度升高，相对湿度就会减少；反之，温度降低，相对湿度就会增大。在温度不变的情况下，相对湿度愈低，则空气的饱和差愈大，果品的干燥速度愈快。升高温度同时又降低相对湿度，则原料与外界水蒸气分压相差愈大，水分的蒸发就愈容易；干燥愈迅速，干制品的含水量也愈低，这种现象特别是在干燥后期更为明显。

3. 气流循环的速度　干燥空气的流动速度愈大，果品表面的水分蒸发也愈快；反之，则愈慢。加大气流速度有两个作用：一是有利于将空气的热量迅速传递给原料，以维持其蒸发温度；二是从果品周围迅速带走蒸发出的水分，不断补充新鲜的未饱和的空气，促进果品表面水分的不断蒸发。据测定，风速在 3 米/秒以下的范围内，水分蒸发速度与风速大体成正比。

4. 果品的种类和状态　果品的种类不同，所含化学成分及其组织结构也不同，即使是同一果品，因品种不同，其成分及结构也有差异，因而干燥速度也不尽相同。如在烘房干制红枣，采用同样的烘干方法，河南灵宝市产的泡枣，由于组织比较疏松，经 24 小时即可达到干燥，而陕西大荔县产的疙瘩枣则需 36 小时才能达到干燥。

由于水分是从原料表面蒸发的，所以原料切分的大小也与干燥速度直接有关。切分愈小，其蒸发面（即表面积与体积的比值）愈大，干燥速度愈快。

5. 原料的装载量　烘盘单位面积上装载的原料量对于果品的干燥速度也有很大影响，烘盘上原材料装载量多，则厚度大，不利于空气流通，影响水分蒸发。

三、果品干制的原料选择

表 3－1 介绍了几种果品干制原料的要求和适宜干制的品种。

表 3－1　几种果品干制原料的要求和适宜干制的品种

种类	原料要求	适宜干制品种
苹果	果型中等，肉质致密，皮薄，单宁含量少，干物质含量高，充分成熟	金冠、小国光、大国光、富士等
梨	肉质柔软细致，石细胞少，含糖量高，香气浓，果心小	巴梨、茌梨、茄梨等
荔枝	果型大而圆整，肉厚，核小，干物质含量高，香味淡，壳不宜太薄，以免干燥时裂壳或破碎凹陷	糯米糍、槐枝等
桂圆（龙眼）	果型大而圆整，肉厚，核小，干物质或糖分含量高，果皮厚薄中等，过薄则易凹陷或破碎	大元、乌头岭、油潭本、普明庵等
柿	果型大，呈圆形，无沟纹，肉质紧密，含糖量高，种子小或无核品种，充分成熟，色变红但肉坚实而不软时采收	河南荥阳水柿、山东菏泽镜面柿、陕西牛心柿、尖柿等

种类	原料要求	适宜干制品种
枣	果型大（优良小枣品种也可），皮薄，肉质肥厚致密，含糖量高，核小	山东乐陵金丝小枣、山西稷山板枣、河南新郑灰枣、浙江义乌大枣等
杏	果型大，颜色深浓，含糖量高，水分少，纤维少充分成熟，有香气	河南荥阳大梅、河北老爷脸、铁叭嗒、新疆克孜尔苦曼提等
桃	果型大的离核种，含糖量高，纤维素少，肉质细密而少液，果肉金黄色具有香气的为最好，以果实皮部稍变软时采收为宜	甘肃宁县黄干桃、沙子早生等
葡萄	皮薄，肉质柔软，含糖量在20%以上，无核，充分成熟	无核白、秋马奶子等
李	果型圆整，外皮薄，肉致密呈绿色，含纤维少，干物质高，核小而且离核，充分成熟	贵州清脆李、辽宁鸡心李、河南玉黄李等
无花果	果型中等，均衡一致，色泽和风味好，充分成熟	黑米森等

第二节　干制的方式、设备及主要工艺

一、干制的方式

果品干制的方式分自然干制和人工干制。

（一）自然干制

日前，我国在果品干制加工中，广大农村采用最多的方法仍是利用阳光和风力进行自然干制。自然干制，一般包括太阳辐射的干燥作用和空气的干燥作用两个基本因素。

太阳辐射的干燥作用是利用太阳的辐射热作为热源，使水分蒸发的一种干燥作用。太阳光的干燥能力和果品原料水分蒸发的速度，主要取决于太阳辐射的强度和果品表面接受的辐射度。太阳辐射的强度因地区的纬度和季节而异，纬度低的地区较纬度高的地区强，夏季较冬季强。

为了有效地利用太阳辐射进行晒干，在干制过程中，应提高晒干品表面所受到的太阳辐射强度。办法是将晒场的晒帘向南倾斜，与地面保持 15°～30°的角度（在高纬度地区可大些，低纬度地区可小些；在冬季可大些，夏季可小些），或者利用地势使晒场地面向南倾斜一定角度；特别是在冬季，将晒帘保持较大倾斜度效果更好。另一种做法是将晒帘上午向东，下午向西，与地面成 15°左右的角度，以增大上、下午太阳光线对晒帘的照射角度，增加太阳辐射强度，同时还可以避免中午阳光过分强烈所引起的"晒热"现象。

空气的干燥作用，取决于一个地区大气的温度、湿度和风速几个方面的影响。

我国南方诸省，虽然气温较高，但一般空气的相对湿度平均在 75％以上，潮湿的空气对于果品干燥不利。但是，晒干和风干是在白天进行的，白天的气温较高，相对湿度远低于一天中的平均湿度，仍然可以起到一定的干燥作用。我国西北属干旱、半干旱地区，气候十分干燥，空气相对湿度低，平均在 60％，有利于果品干制。风速的大小与干燥作用关系很大，特别是在空气温度高、湿度低的情况下，如果有较大的风速，即使在多云或者天阴时，也能收到一定的干燥效果。

因此，自然干制方法可分为两种：一种是原料直接受阳光曝晒，称为晒干或日光干制；另一种是原料在通风良好的室内、棚下，以热风吹干的，称为阴干或晾干。

自然干制的主要设备为晒场和晒干用具，如晒盘、席箔、运输工具等，以及必要的建筑物，如工作室、贮藏室、包装室等。

晒场要向阳，位置宜选择交通方便的地方，但不要靠近多灰尘的大道，还应注意要远离饲养场、垃圾堆和养蜂场等，以保持清洁卫生，避免污染和蜂害。

干制时，比较简便的做法是将原料直接放置在晒场曝晒，或者放在席上晒制，但这种做法在大量生产时，不便于进行熏硫、叠置等操作。因此以用盛器装后晾晒为好，如采用形状整齐（长方形或方形）、大小相同的晒盘。晒盘可用木制或竹制，底部留有方形或条形缝隙，缝隙大小以不漏干制原料为准。晒盘大小以便于工作和经济实用为原则，一般长 90～100 厘米、宽 60～80 厘米、高 3～4 厘米。

（二）人工干制

人工干制系人工控制干燥条件，有效地缩短干燥时间，获得较高质量的产品。

人工干制设备要具有良好的加热装置及保温设备，保证干制时所需的较高的且均匀的温度；要有良好的通风设备，以及时排除原料蒸发的水分；要有较好的卫生条件和劳动条件，以避免产品污染，便于操作管理。

目前，我国人工干燥设备一般按干燥时的热作用方式分为：借热空气加热的对流式干燥设备、借热辐射加热的热辐射式干燥设备和借电磁感应加热的感应式干燥设备 3 类。此外，还有间歇式烘干室和连续式通道烘干室及低温干燥室和高温烘干室之别。所用载热体有蒸汽、热水、电能、烟道气等。间歇式烘干室以采用蒸汽、电能加热为普遍，连续式通道烘干室则多数采用红外线加热。电磁感应式干燥设施尚未广泛应用。近年来，又出现了电子束固化、波长 50 微米以上的远红外线干燥，以及单体直接用光激发聚合成膜的光固化干燥等新技术。下面介绍几种人工干制设备和技术。

1. 烘灶　烘灶是最简单的人工干制设备。形式多种多样，如广东、福建烘制荔枝的焙炉，山东干制乌枣的熏窑等。有的在地面砌灶，有的在地下掘坑。干制果品时，在灶中或坑底升火，上方架木椽、铺席箔，原料摊在席箔上干燥。通过火力的大小来控制干制所需的温度。这种干制设备，结构简单，生产成本低，但生产能力低，干燥速度慢，工人劳动强度大，产品质量差，现已逐渐淘汰。

2. 烘房　目前，生产单位推广使用的烘房多属烟道气和电加热的热空气对流式干燥设备，形式很多。其中以陈锦屏研制的长方形砖木结构的烘房最具代表性（图3-1）。有一炉一囱直线升温式烘房，一炉两囱回火升温式烘房，两炉两囱直线升温式烘房和两炉两囱回火升温式烘房等形式。它们的基本结构包括烘房主体，升温设备，通风排湿设备和装载设备等部分，特点是升温快，干燥速度高，设备简单，成本低。我国北方大部地区大量采用烘房进行红枣、葡萄、杏、山楂、柿饼等果品的干制。现将北方地区生产上用于烘烤红枣、果干的两炉一囱回火升温式烘房介绍如下：

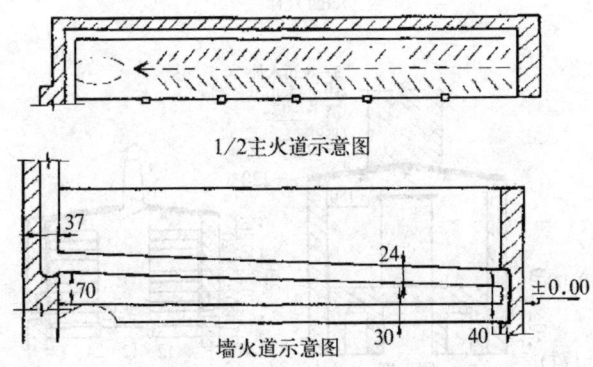

1/2主火道示意图

墙火道示意图

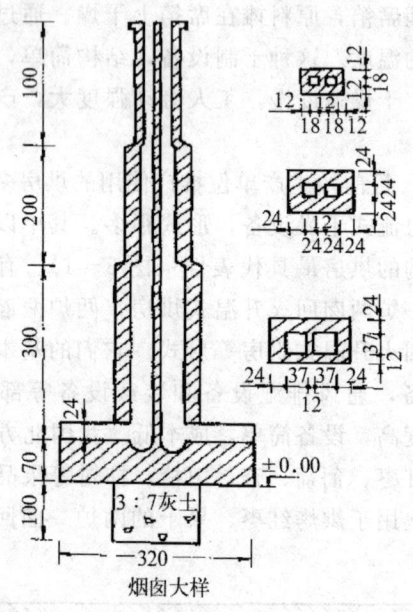

烟囱大样

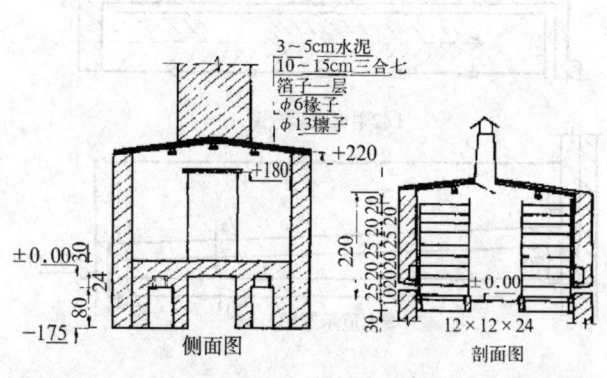

侧面图　　　　剖面图

图 3—1　固定烘架式烘房建造示意图（单位：厘米）

（1）房结构　土木结构，建于空旷通风、土质坚实处，长方形，一般宜南北长向，长 6～10 米、宽 3～3.4 米、高 2～2.2 米（均指净内径，房高指室内地坪向上 2～2.2 米处起拱或搭屋架）。

（2）升温设备　采用火炕面回火升温。于烘房一端设炉灶两个，每个炉膛长80~95厘米、宽50厘米、高45厘米。呈椭圆形。炉条前后倾斜，高差12厘米。炉门高80厘米，宽50厘米。灰门宽20厘米，高18厘米。东西两侧沿炉膛延伸至对端，各设一火炕（主火道）以辐射热量，主火道高出室内地坪10厘米，在室内地坪以下20厘米处，宽1~1.2米。为充分利用热能，主火道内用土坯交错呈雁翅形，靠炉膛一端的排列要较另一端稀，土坯间距一般为15~18厘米。土坯呈雁翅形排好后，从距炉膛3米处用于细土垫成缓坡至前山墙，靠前山墙处的垫土厚为12厘米。主火道烟火从此处朝边墙上拐至墙火道，墙火道底线距主火道炕面30厘米，呈缓坡至前端，距主火道面60厘米，再拐至后山墙入烟囱；烟囱宽20厘米、高15厘米，长度等于墙的宽度，内小外大呈喇叭状。于烘房房顶中线均匀设置排气筒2~3个，底部口径40厘米×40厘米，上部口径30厘米×30厘米。排气筒底部与房顶齐平，高1米，底部设开关闸板，上设遮雨板。

（3）装载设备　主火道上设烤架8层，除最下层和第5层、第6层层距25厘米外，其余各层层距均为20厘米，烘架和烘盘可用木制竹制，底要有方格或条状空隙，以利透过热空气。走道80~100厘米宽。门高180厘米、宽80厘米，朝外开。

3. 人工干制机　这是一种功效较高的热空气对流式干燥设备，可以根据需要控制干燥空气的温度、湿度和流速。因此干燥时间短，制品质量好。

干制机类型很多，主要的有以下几种：

（1）隧道式干燥机　这种干燥机的干燥部分为狭长隧道形，原料铺在运输设备（小车、传送带、烘架等）上，沿隧道间隔地或连续地通过而实现干燥。隧道可分为单隧道式、双隧道式（见图3-2）及多层隧道式等几种。干燥间一般长12~18米，宽约1.8米，高1.8~2.0米。加热间设在单隧道式干燥间的侧面或双隧道式干燥间的中央，也是狭长隧道形。在加热间的一端或两端装设加热器和吹风机，推动热空气进入干燥间，经过待干燥的原料,使原料水分蒸发。产生的废气一部分自排气孔排出,一部分回流到加热间重新利用。

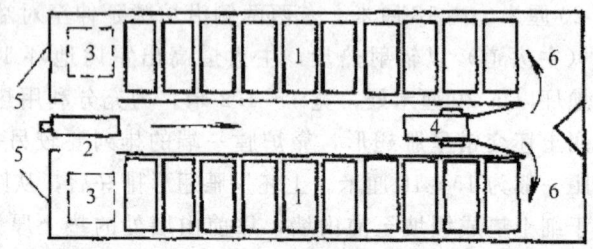

图3-2 隧道式干燥机示意图(双隧道)

1. 载车 2. 加热器 3. 空气出口 4. 风扇 5. 原料进口 6. 干制品出口

隧道式干燥机按原料和干燥介质的运行方向,分为逆流式、顺流式和混合式3种。

①逆流式干燥机 装原料的载车与空气的流动方向相反,即载车沿铁轨由低温高湿一端进入,由高温低湿的一端出来。干燥开始时温度较低(40℃～50℃),终了温度较高(65℃～85℃)。这种干燥机适用于含糖量高、汁液黏厚的果实,如桃、杏、梨等,干制时温度最高不能超过72℃,葡萄不宜超过65℃。

②顺流式干燥机 与前一种相反,即载车的前进方向和空气的流动方向一致。原料从高温的热风一端进入,水分蒸发很快,愈往前进,温度愈低,湿度愈高,水分蒸发逐渐变慢。这种干制机构开始时温度较高(80℃～85℃),终了时温度较低(55℃～60℃),适用于含水量较多的果品的干制,但有时不能将干制品的水分降至最低的标准含量,应注意避免发生这种情况。

③混合式干燥机 又称对流式干燥机或中央排气干制机(图3-3)。有两个鼓风机和两个加热器,分别设在隧道的两端,热风由两端吹向中间,通过原料而将湿热空气从隧道中部集中排出一部分,另一部分回流利用。混合式干制机具有能连续生产,温度、湿度易控制,生产效率高,产品质量好等优点。果品原料首先进入顺流隧道,温度较高、风速较大的热风吹向原料,加速原

料水分的蒸发。载车渐次推进，温度略低，湿度较高，水分蒸发速度渐缓，不致使果品结成硬壳。待原料排除大部分水分后，进入逆流隧道，以后愈往前推进，温度渐高，湿度渐低，原料干燥比较彻底。在正常的情况下，整个干燥过程有 2/3 在顺流隧道内完成，其余 1/3 在逆流隧道内完成，在原料进入逆流隧道后，应控制好热风温度，过高会使原料焦化和变色。

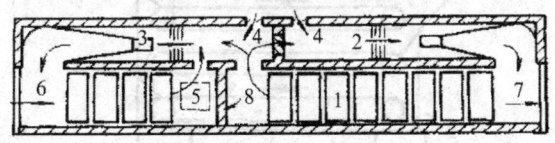

图 3-3　混合式干燥机

1. 运输车　2. 加热器　3. 电扇　4、5. 空气入口
6. 原料入口　7. 干燥品出口　8. 活动隔门

（2）滚筒式干燥机　这种干燥机由 1～2 个表面平滑的钢质滚筒构成，滚筒是加热部分，也是干燥部分，原料即在滚筒上进行干燥。滚筒的直径从 20 厘米到 200 厘米不等，中空，通有加热介质。在回转过程中，筒外壁与被干燥原料接触而布满一层薄薄的原料。转动 1 周，原料即达到干燥程度，由所附的刮器刮下，离开滚筒而落在下方盛器中，干燥得以连续进行。干燥量与有效干燥面积成正比，又与转速有关，转速以每转 1 周足以使原料干燥为准。这种干制机可用于果实的制片和制果汁粉。

（3）带式干制机　这种干制机的干燥部分是用帆布、橡胶、涂胶布或金属网制成的传送带，原料铺在传送带上，随传送带向前移动而与干燥介质接触得以干燥。图 3-4 为 4 层传送式的干燥机，能够连续转动，当上层部位温度达到 70℃ 时，将原料从柜子顶部的一端定时装入，随着传送带的转动，原料也依次由最上层逐渐向下移动，至干燥完毕后，从最下层的一端出来。这种干制机用蒸气加热，暖气管装在每层金属网的中间，新鲜空气由下层进入，通过暖气管变为热气，然后通过原料，使其水分蒸发，湿气由出气口排出。

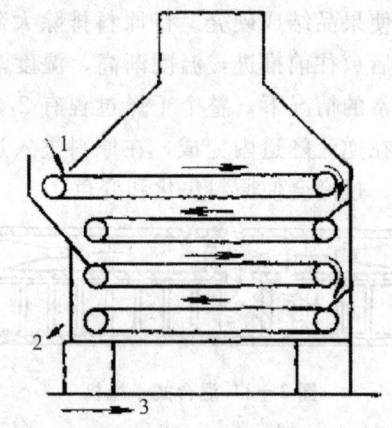

图 3—4　带式干燥机示意图

1. 原料进口　2. 干燥制品出口　3. 原料的移动方向

在干燥过程中，应注意机柜中温湿度的变化情况。当上层干球温度为 45℃～50℃，其干湿球温差应为 7℃～10℃，差数小于 5℃时，则表示湿度过大，原料表面湿润，蒸发变慢，这时可将顶盖打开，使空气对流。当干湿球温差超过 12℃时，说明进入干制机的空气过多，应将顶盖关闭。这种干制机的优点是设备简单，只需一个小型蒸气锅炉配合即可，在干燥过程中，无需上下翻动原料，当原料自上层向下层落下时，即自然翻动一次，因而原料干燥程度均匀。

4. 微波干燥　微波干燥是在微波理论和技术以及微电子技术的基础上发展起来的一项新技术，始于 20 世纪 40 年代后期。20 世纪 60 年代，由于微波管性能提高（磁控效率提高至 85%），微波管大量生产，成本降低，它才得到迅速发展。

微波是指频率为 300 兆赫至 300 000 兆赫，波长为 0.1 毫米至 1 米的高频交流电。所用频波管是磁控管，常用加热频率为 915 兆赫和 2450 兆赫。微波干燥具有一系列优点：加干燥速度快，加热干燥时间短。将含水量从 80% 烘干到 20%，用热空气干燥需 20 小时，而用微波干燥仅需 2 小时，如将两者结合起来，即先用热空气干燥到含水 20％，再用微波干燥到 2％，既可缩短时间（减少 10 小时），又可降低费用（所需微波能只有原来的 1/4）。另外，由于微波加热不是由外部热源加进去的，而是在加热物内部直接产生的，所以尽管被加热的物料形状复杂，加热也是均匀的，不会引起外焦内湿的现象。第 3 个优点是选择性加热，当物料进行烘干时，其中的水分比干物质的吸热量大得多，湿度就高得多，很容易蒸发，此时可通风以排除蒸发出的水汽，而物料本身吸收热量少，且不过热，因此能保持原有的色香味，对提高产品质量有好处。此外，还具有热效率较高，反应灵敏等优点。

5. 远红外干燥　远红外干燥，是近年来发展起来的一项新技术。它是利用远红外辐射元件发出的远红外线被加热物体所吸收，直接转变为热能而达到加热干燥的目的。

红外线介于可见光和微波之间，是波长在 0.72～1000 微米范围的电磁波。一般把 5.6～1000 微米区域的红外线称为远红外线，而把 5.6 微米以下的称为近红外线。红外线像可见光一样，也可被物体吸收、折射或反射，物体吸收了红外线后，温度就升高。而且红外线能穿过相当厚的不透明物体，在物体内部自发地产生热效应，因此，物体中每一层都受到均匀的干燥作用。而其他多种干燥方法，热量只能从表面开始，逐步地传到内部，因此烘干质量不及远红外干燥。

远红外干燥设备由金属基体或陶瓷基体，表面涂覆的发射远红外线的物质以及热源 3 部分构成。远红外线加热比红外线加热的时间短，节能，且加热均匀。现已广泛应用于果品干制中。

6. 真空冷冻干燥　真空冷冻干燥又称冷冻升华干燥，它是果品干制中较好的一种干制方式。采用此法干制的果品与其他方法相比，能最大限度地保存果品的营养价值、天然色泽和风味，且具有复水性好等优点，因此现在愈加受到人们的重视而广泛采用。

真空冷冻干燥是使果品在冰点以下冷冻，水分即变为固态冰，然后在较高真空下使冰升华为蒸气而除去，达到干燥的目的。这是因为，当空气的压力相当 0.1013 兆帕时，水沸点为 0℃，这个温度同样是水的冰点，称为水的三相点，假如将空气压力继续下降到 610.60 帕以下，水的温度也下降到 0℃ 以下，水则完全变成冰，只有固态、气态二相，它们同样有相应的饱和蒸气压和温度。

在相应的饱和蒸汽压和温度下，冰、气处在动态平衡状态，也就是说不会出现升华现象。但是如果温度不变，压力减少，或者压力不变，温度上升，冰、气平衡就遭到破坏，冰就会升华。这样，整个干燥是在低温下进行的，挥发性物质损失很少，表面不致硬化，蛋白质不易变性，体积不致过分收缩，就能较好地保持果品原有的色、香、味和营养价值。

目前国内使用该法的装置的主要部分是一卧式钢质圆筒，配有冰冻、抽气、加热和控制测试系统。干制品要求避光密封，抽空充氮保藏，其基本装置的系统框如图 3－5。

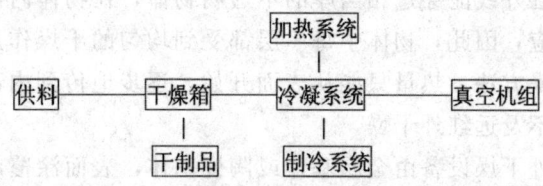

图 3－5　真空冷冻干燥装置图

加热系统的作用是有效地供给干燥箱内热量，使干燥箱中物料吸收热量，由冰直接变成水蒸气，水蒸气在冷凝系统下凝结，保持了干燥箱中的真空度。另外，一些不可凝结的其他气体经真空机组加以排除。为了捕获在升华干燥过程中产生的水蒸气，必须使冷凝系统中的冷凝面的温度低于在此条件下水蒸气的饱和温度，否则水蒸气将不会被捕获而损坏真空机组。目前，真空冷冻干燥已广泛运用在苹果、猕猴桃、涩柿的干制中。

二、果品干制的主要工艺

果品干制的工艺包括原料的清洗、挑选、切分、分级、烫漂、硫处理、干制、回软、包装、贮藏等过程。

其中原料的前处理，如：清洗、挑选、切分、分级、烫漂与第一章的原料前处理完全相同。

（一）硫处理

硫处理是果品干制的重要工序。硫处理可以保护果品的色泽，防止果品在干制中由于长时间高温而发生褐变，另一方面，硫处理可以抑制微生物的生长，使干制品能够长时间得以保存。

硫处理方法有熏硫和浸硫两种。熏硫时，将原料放入密闭的熏硫室，点燃硫黄，要求硫黄纯净，含杂质少，其中砷的含量应少于 0.015%。熏硫室内要求二氧化硫浓度在 1.5%～2.0% 为宜，窗和排气筒进行自然通风，使湿空气排出，干空气吸入。通风排湿的方法和时间应根据烘房内湿度高低和风力大小来决定。

（二）倒换烘盘

设计良好的烘干设备，一般要求上部和下部、前部和后部温差不超过 2℃～4℃，靠近热源的物料温度比远离热源的物料温度高，因此，在干制期间应倒换烘盘，以免原料烘干不均匀或出现烘焦现象。

一般是靠近热源的烘盘与远离热源的烘盘互换，在倒换烘盘同时抖动烘盘，使原料在盘内翻滚，原料受热均匀，干燥程度一致。

（三）掌握干制时间

被干制原料的烘干时间取决于对产品所要求的干燥程度。根据烘烤的程度，可采用先烘至七八成干时，再晾晒和风干使产品至全干，或 1 次烘至全干。前者烘干成品饱满，果肉肥厚，色泽好，但这种方法在阴雨连绵的气候条件下不宜采用，以免产品霉烂。一次烘至全干不需晾晒，只需散热回软即为成品，但须掌握好烘烤技术，切不可烘得太干，使产品呈干瘪状，有损其品质。

（四）回软

干制以后的果干常需在一个密闭的容器或贮藏库内贮藏一段时期，使其内部和各个果块之间的水分扩散，重新分布，以达到水分含量均一、质地柔软的目的。

（五）包装

果品干制的包装要求防虫、防湿、阻气，并有一定的机械强度，对长期保存的干制品防潮很重要，否则干制品会吸收大量的水分变得疲软，柔韧，影响质量。常见的包装容器有铁罐、玻璃瓶及复合塑料和纸容器。

果干的包装可采用真空或真空充氮、充二氧化碳包装，这种包装可防止干制品压碎和微生物侵入。

（六）贮存

果干在贮存过程中会发生吸湿、氧化、色泽和风味改变等现象，因此果干的贮存要求较为严格。果干应贮存在较低温度和湿度的环境中。温度越低，果干的各种成分保存越好，外观品质也好，最佳贮藏温度为 0℃～2℃。果干易吸潮，故适宜的保存相对湿度应在 65％以下。另外光线和空气与果实的氧化和色素分解有关，应保存在避光、隔离空气的地方。

第三节　实例分析

一、苹果干的加工技术

目前生产的苹果干有以下两大类：一类是非膨松型苹果干，也就是一般所说的苹果干；另一类是膨松型苹果干，它的组织膨松，口感酥脆。

1. 非膨松型苹果干　是一种传统的老产品。但是，用现代技术生产的果干质量远高于老式的产品。

民间生产的果干是用太阳晒干的，因受自然条件，如温度、湿度和风速的限制，产品的含水量不可能降得很低，一般在15％以上，所以，货架寿命不超过1年。用现代技术和设备生产的果干，其含水量可达5％以下，因此，它的货架寿命很长，通常在数年以上。低含水量的果干的优点是能很好地抑制细菌、真菌生长和控制酶的活性。由于果干的体积小，一般是原料或罐藏重量的1/10～1/7，运输和贮藏方便、成本低。果干的营养损失比其他热加工产品的损失少。果干也可作为其他食品加工业的稳定供应的原料，而这些原料可就地加工。

美国苹果干有两种类型的产品：一种是高水分的产品，它的含水量在24％以下；另一种是低水分产品，其中又分两级，A级的含水量在3.0％以下，B级的含水量在3.5％以下。但高含水量的果干必须在短期内食用。

2. 膨松型苹果干　膨松型苹果干的结构疏松、多孔，食用时有松脆的口感。如冷冻干燥的苹果干、膨化果干以及近年迅速发展起来的苹果脆片等。

（一）非膨松型果干

1. 加工工艺流程　非膨松型苹果干的加工工艺流程如下：

选果→清洗→去芯→护色→切分（切成块或片）→护色→烫漂→干燥→包装

用于干制的苹果要具有良好的风味，酸度较高，结构紧密、形状规则，固形物的含量较高。我国的许多晚熟品种都可干制。

原料先经筛选，将直径小于6厘米的苹果剔除。然后削皮、去芯，一般削皮和去芯的重量损失为15％～25％，手工方法低一些，半机械方法高一些。去皮、芯后，立即放入亚硫酸盐溶液内护色，然后将苹果切成厚度为10～15毫米的片状，再进行熏硫护色。

2. 护色、烫漂　由于原料的含糖量很低，干制的过程中苹果容易发生褐变，所以，护色尤为重要。护色一般用硫处理。处理时的用硫量和处理时间要适当，既要使苹果干在贮藏期间保持良好的颜色，又不能使果干内硫的残留量过高。

研究表明，低水分的苹果，吸收亚硫酸盐的速度和吸收量与苹果片的尺寸、形式、成熟度、干燥方法和亚硫酸的使用方法等因素有关。特别是用硫黄熏制时，室内的硫黄烟雾浓度对产品中硫的残留量影响较大。

为了控制苹果干内的二氧化硫的含量，在苹果去皮和去芯后，立即放入浓度为2‰～3‰的亚硫酸氢盐中浸泡几分钟，然后，在干燥前的3～5小时中，用二氧化硫熏制，这样就比较安全。在销售前，将果干在热水中浸泡，可除去多余的二氧化硫，若用热糖液浸泡果干，二氧化硫减少得更快。

有时，在干燥后进行第2次硫处理时，因为干燥，果品中大量的二氧化硫损失了，特别是用真空干燥时，大约果品中50%以上的二氧化硫蒸发掉了。通常是将原料干燥到要求的水分含量，检测产品内的二氧化硫含量，再将其放入亚硫酸盐溶液中浸液，以达到需要的水分和二氧化硫含量。

3. 干燥

(1) 干燥过程 果实内的水分是以3种状态存在：一种为游离状态的水，约占果实内水分的70%，充满于果实的细胞中，是果实内可溶性固形物的极好溶剂，也是微生物赖以生存、繁殖时可利用的水分，这部分水分容易蒸发，蒸发得快、慢与其浓度有关；另一种为胶体结合水分，这部分水被果实内的蛋白质、淀粉和果胶等亲水物质所束缚，它比游离水稳定，较难去除；第三种为化合水，它们与果实内的物质相结合，很稳定，干制时，不能去除，也不能被微生物利用。

在干燥过程中，一般有两个主要阶段：恒速干燥阶段和降速干燥阶段。恒速干燥阶段，处于干燥开始一段时期，因物料内的水分较高，水分容易蒸发出来，主要发生在物料的表面层，干燥速度与热风的温度和相对湿度有关。在恒定温度下，干燥速度不随干燥时间而变化，这个过程较短。当物料表面层的水分蒸发后，则进入降速干燥阶段，这时，果品内部的水分先扩散到表面，然后才能蒸发出来，所以，速度变慢。

（2）干燥设备　干燥设备也可用果脯加工中所用的烘房、箱式和隧道式干燥机。热风温度为 65℃～75℃，干燥时间一般为 14～18 小时。

用隧道式干燥机干燥苹果干时，将苹果垂直于果的轴线方向切成 6～9 毫米厚的片状，放入干燥盘内，其密度约为 10 千克/米²。盘子放在小车上，推入隧道内。入口热风温度约为 75℃，相对湿度约为 25%，出口热风温度约为 54℃，相对湿度约为 35%。热风速度在 180～360 米/分钟之间。若将原料的含水量干燥至 24%，大约 7 吨原料出 1 吨产品。若将含水量为 24% 的苹果片干至水分含量 3.5% 以下的成品，1 吨原料约出 0.77 吨产品。所以，10 吨的鲜苹果约产 1 吨相对湿度在 3.5% 以下的苹果干。苹果片的厚度若为 8 毫米左右，可在 2～3 小时，将原料的水分含量从 23%～24%，降至 2.5%，生产能力约为 450 千克/小时。

4. 干燥后的处理　干燥过程中，苹果片常常会受到破坏，水分含量也不均匀一致，也可能发生褐变，为了保证产品的货架寿命，往往在干燥后还要进行一些处理。

（1）回软　目的是使制品的内外的水分一致。由于果品的大小、形状不同，在干燥过程中与热风的接触情况不一致，干燥机内各点物料的干燥程度不完全相同。为使制品的水分含量均匀，最简单的方法是将干燥后的成品堆放在一起，上面用塑料薄膜覆盖严密。回软的时间一般为 3～5 天。

也可将制品放入一个底部带筛孔的箱内，在温度为 38℃～49℃ 环境下，自下而上进行吹风，风速为 30 米/分钟左右，在循环的过程中要对空气脱湿。这种方法可加快软化速度。

（2）分选　在干燥的过程中，果片会受损伤、产生碎末，为达到出售规格的要求，应进行分级。常用的方法是筛分。分选中把不合格的产品、杂物，如果核等剔除。

5. 改善复水性 干制的苹果片可在复水后鲜食，也可在复水后作为加工其他产品的原料，所以，提高其复水性是很重要的。提高复水性的一种方法是对制品进行碾压。碾压机由两个不锈钢辊组成，两钢辊之间的间隙为 0.25 毫米，钢辊的直径为 380 毫米、长度为 315 毫米，转速为 300 转/分钟。通过钢辊后，产品的厚度为 0.25 毫米左右，因果片有弹性恢复，果片直径为 6～20 毫米之间。碾压后的成品是很薄的片状，加水后可恢复到原始的大小。

另一种方法是将苹果片干燥到水分含量为 16%～30%，然后用带钉齿的钢辊压制成带孔的果片，再将这种果片干燥到水分含量在 5%以下，它的复水性也很好。

6. 包装和贮藏 包装是延长苹果干货架寿命的重要措施之一。产品出来后要及时包装，包装品要具有良好的气密性、遮光性和防病、虫害性能。苹果干一般装入聚乙烯薄膜袋内，再装入纸箱内。袋内的空气要排除干净。苹果干的水分含量超过 10%以上时，容易受到病虫害，消费者往往不喜欢水分含量太低的苹果干，也不愿意食用硫处理过的产品，因此，较好的方法是使产品的含水量在 17%～20%，包装后，在冻结状态贮藏。

苹果干一般贮藏在 0℃～4℃、55%～60%相对湿度条件下。若贮藏在 0℃的温度下，其货架寿命可保持 1 年，若贮藏在 5℃的温度下，货架寿命可能只有 6～8 个月。大约是温度每升高 5℃，货架寿命减少一半。例如，苹果干在 0℃下贮藏 1 个月，在 0℃条件下的剩余货架寿命为 11 个月；若在 5℃的温度下贮藏 1 个月，则在 0℃的条件下的剩余货架寿命为 10 个月。所以，产品包装后，要及时进入冷库内。

（二）膨松苹果干的加工

工艺流程：

原料清洗→去皮、去芯→切片→护色→速冷冻→干燥→充气→包装

苹果的清洗、去皮和去芯方法同前。去皮后，垂直苹果的轴

向切成厚度为 6 毫米左右的片状，然后进行护色处理，护色的方法同前。将护色处理后的果片放入盘内进行冷冻，通常盘内只放一层果片。冻结后，放入冷冻干燥机内进行干燥。干燥到含水量为 2%需 15～20 小时。干燥结束后，先用氮气充入干燥室，再打开干燥室的门，以防空气中的水或氧气进入果片疏松的组织内。

二、杏干的加工技术

(一) 原料选择和处理

选择果型大、肉厚、离核、味甜、纤维少、果肉呈橙黄色的品种，充分成熟但不过熟的果实做原料，剔除残破及成熟度不适宜的果实。按大小分级、洗净，用利刀沿果实缝合线对切为两半，切面应平滑整齐，除去果核（也有的不切开去核，为全果带核杏干）。切分后（有的不再切分，为半果去核杏干），将果片切面向上排列筛盘上，不可重叠。

(二) 熏硫

将盛装杏果片的筛盘送入熏硫室，熏 3～4 小时。硫黄的用量为鲜果重的 0.4%。熏硫前用盐水（食盐 1 千克，水 33 千克）喷洒果面，有防止变色和节约硫黄的作用。熏硫良好的杏果片，果肉已变色变软，核窝内有水滴，并带有浓厚的二氧化硫气味，果肉内含二氧化硫的浓度不低于 0.08%～0.1%。

(三) 烘制

熏硫的果实装入烘盘上，单位面积的装载量为7～9 千克/米^2，然后放到烘架上进行烘制，烘房初温 50℃～55℃，最终温度 70℃～80℃，总干制时间 10～12 小时，最终相对湿度 10%左右，干燥率约 5：1。干燥的杏干肉质柔软，不易折断，用手紧握后松开，彼此不易黏着。

(四) 包装

干燥后的成品放在木箱中回软 3～4 天，将色泽差、干制不够以及破碎的拣出（进行再加工或另外分级），即可包装。

三、葡萄干的加工技术

葡萄的干制分自然干制和人工干制两种方式。

（一）葡萄自然干制

1. 原料的选择和处理　选择皮薄，果肉柔软，糖分含量高（20％以上）的品种，以无核种无核白、无核黑等为好；有核品种如牛奶、新疆红葡萄等也可。果实要充分成熟，但又要适时采收，不可过迟，否则，采收时气温低，不易干燥。采收后，剪去过小、损坏的果粒，果串过大的，要分成几个小串，在晒盘上铺放一层。为缩短干燥时间，加速水分蒸发，可采用碱液处理。用浓度为 1.5％～4.0％ 的氢氧化钠，处理 1～5 秒，薄皮品种也可用 0.5％ 的碳酸钠与氢氧化钠的混合液，处理 3～6 秒。原料浸碱后立即用清水冲洗干净。经过浸碱处理的可缩短干制时间8～10 天。

干制白色葡萄干时，还需要用硫黄熏 3～5 小时。

2. 干制　葡萄装入晒盘曝晒 10 天左右，当有一部分干燥时，可全部反扣在另一晒盘上（翻转时勿用力过猛，以免果粒脱落），继续晒至 2/3 的果实呈干燥状，用手捻果粒无汁液渗出时，即可叠置阴干，约 7 天。这样，在晴朗天气条件下，全部干燥时间共需20～25天，然后，收集果串堆放 15～20 天，使之干燥均匀，同时除去果梗。干燥适度的葡萄干，肉质柔软，用手紧压无汁液渗出，含水量为 15％～17％，干燥率为（3∶1）～（4∶1）。

气候炎热的新疆吐鲁番市，将葡萄挂在用土坯筑成的通风的干燥室里风干。干燥季节时，室内温度一般在 40℃ 左右，热风季节时可达 50℃。室内装设若干根挂木，每根约可悬挂葡萄 100 千克。干燥所需时间一般为 20～30 天，多的需 30～40 天。

（二）葡萄人工干制

葡萄人工干制的前处理与自然烘干的前处理基本相同，都要经过原料的选择、剪串、浸碱冲洗等处理。

1. 硫处理　硫处理有熏硫和浸硫两种。

（1）熏硫　将沥干的葡萄放在密闭的熏蒸室内熏硫。每 1000 千克葡萄用 1.5～2 千克硫黄，用少量木屑拌匀后点燃产生浓烟，紧闭门窗，熏蒸 3～4 小时后，打开门窗排出剩余的 SO_2 气体。经过熏硫的果粒，可以使果粒中的多酚氧化酶钝化，防止成品褐变。

（2）浸硫　用含有效 SO_2 0.5%～1% 的亚硫酸氢钠或偏重亚硫酸氢钠的溶液浸泡葡萄 1.5～2 小时。

2. 烘制　熏硫或浸硫后的葡萄装盘放入烘房，加温烘干，初温保持 45℃～50℃，持续 1～2 小时，再将温度上升到 60℃～70℃，终温 70℃～75℃，终点相对湿度 25% 左右，经 15～20 小时可烘干。

3. 包装　烘干后的葡萄干用阻湿塑料薄膜及时包装。

第四章 果脯加工技术

第一节 加工的基本工艺流程

一、水果脯的分类

1. **果脯** 又称干态蜜饯，为基本保持果品形状的干态糖制品。如苹果脯、杏脯、桃脯、梨脯、蜜枣以及糖制姜片、藕片等。

2. **蜜饯** 又称糖浆果实，是果实经过煮制以后，保存于浓糖液中的一种制品。如樱桃蜜饯、海棠蜜饯等。

3. **糖衣果脯** 果品糖制并经干燥后，制品表面再包被一层糖衣，呈不透明状。如糖橘饼、柚皮糖等。

二、水果脯原料的选择

糖制品质量主要取决于外观、风味、质地及营养成分。选择优质原料是制成优质产品的关键之一。原料质量优劣主要在于品种和成熟度两个方面。蜜饯类因需保持果实或果块形态，要求原料肉质紧密，耐煮性强，在绿熟时采收。

（一）青梅类制品

制品要求鲜绿、脆嫩。原料宜选鲜绿质脆、果形完整、果大核小的品种，于绿熟时采收。大果适宜加工雕花梅，中等以上果实宜制糖渍梅，而小果只适合制青梅干、雨梅、话梅和陈皮梅等制品。

（二）蜜枣类制品

宜选果大核小，质地较疏松的品种。如安徽宣城的尖枣和园枣，郎溪广德的牛奶枣和羊奶枣，歙县的马枣，浙江义乌东阳的大枣和团枣，蓝溪的京枣、扑枣，北京的糠枣，山西的泡红枣，河南新郑的秋枣，河北阜平的大枣。并于果实由绿转白时采收，转红不宜加工，全绿褐变严重。

（三）橘饼类制品

制作金橘饼以质地柔韧、香味浓郁的罗纹和罗浮最好，其次是金弹和金柑。橘饼以宽皮橘类为主。带皮橘饼宜选苦味淡的中小型品种，如浙江黄岩的朱红。

（四）杨梅类制品

选果大、核小、色红的品种。如浙江萧山的早色、新昌的刺梅、余姚的草种。

（五）橄榄制品

选肉质脆硬的惠园和长营两个品种最好，药果、福果、笑口榄也宜。一般在肉质脆硬、果核坚硬时采收，过早、过迟采收的果实，都会影响制品质量。

（六）其他果脯蜜饯类

1. 苹果脯　用河北怀来的小苹果、花红、海棠等最好，国光、红玉、青香蕉等罐用种也很好。

2. 梨脯　选石细胞少、含水分较少的鸭梨、莱阳梨、雪花梨、秋白梨等最好。

3. 桃脯　用陵白桃、快红桃、白风、黄露、京白、大久保等为好。

4. 杏脯　应选离核的铁叭哒品种。

三、果脯蜜饯类加工工艺

果脯、蜜饯类加工工艺过程包括挑选、分级、清洗、去皮、去核、切分等前处理和盐腌、硬化、硫处理、染色、糖制、烘干、包装等后序工艺。下面主要叙述果脯、蜜饯类的后序加工工艺：

（一）盐腌

用食盐或加入少量明矾或石灰腌制的盐坯（果坯），常作为半成品保存方式来延长加工期限。然而，盐坯只能作为南方凉果制品的原料。

盐坯腌渍包括盐腌、曝晒、回软和复晒 4 个过程。盐腌有干盐和盐水两种。干盐法适用于果汁较多或成熟度较高的原料，用盐量依种类和贮存期长短而异，一般为原料量的 14%～18%。盐水法适于果汁稀少或未熟果、酸涩苦味浓的原料。盐腌结束，可作水坯保存，或经晒制成干坯长期保藏（表 4—1）。

表 4—1　果坯腌制示例

果坯种类	100 千克果实用料量（千克）			腌渍天数
	盐	明矾	石灰	
梅	16～24	少量		7～15
桃	18	0.125～0.25		15～20
毛桃	15～16	0.125～0.25	0.25	15～20
杨梅	8～14	0.1～0.3		5～10
杏	16～18			20
橘、柑、橙	8～12		1～1.25	30
金柑	24			30
柠檬	22			60
橄榄	20			1
仁面	10			15
李	16			20

（二）保脆和硬化

为提高原料耐煮性和酥脆性，在糖制前对原料进行硬化处理。即将原料浸泡于石灰（CaO）或氯化钙（$CaCl_2$）、明矾 [KAl $(SO_4)_2$ · $12H_2O$]、亚硫酸氢钙 [Ca $(HSO_3)_2$] 稀溶液中，令钙、镁离子与原料中的果胶物质生成不溶性盐类，使细胞间相互黏结在一起，提高硬度和耐煮性。用 0.1% 的氯化钙与 0.2%～0.3% 的亚硫酸氢钠（$NaHSO_3$）混合液浸泡 30～60 分钟，起着护色兼保脆的双重作用。对不耐贮运易腐的草莓、樱桃用含有 0.75%～1.0% SO_2 的亚硫酸与 0.4%～0.6% 的消石灰

[Ca（OH）$_2$] 混合液浸泡，可达到防腐烂兼硬化的目的。明矾具有触媒作用，能提高樱桃、草莓、青梅等制品的染色效果。

硬化剂的选用、用量及处理时间必须适当，过量会生成过多钙盐或导致部分纤维素钙化，使产品质地粗糙，品质劣化。经硬化处理后的原料，糖制的须经漂洗除去残余的硬化剂。

（三）染色

在加工过程为防止樱桃、草莓失去红色，青梅失去绿色，常用染色剂进行染色处理。染色应选无毒的染色剂。天然色素和人工合成色素是当前主要的两类染色剂。天然色素如姜黄、胡萝卜素、叶绿素等，因着色效果差，使用不便，成本高，生产上应用较少。人工合成色素多达 3 000 种以上。我国规定只许用苋菜红、胭脂红、柠檬黄、靛蓝和日落黄等 20 多种。绿色可用柠檬黄与靛蓝按 6：4（或 7：3）比例调配。食用色素用量不超过万分之一，过多会因色泽太深而失真。樱桃可结合糖制进行染色，先将樱桃浸于 0.5％的枸橼酸和 0.02％的胭脂红的 30％糖液中，煮沸 2～3 分钟，静置 24 小时后捞出糖制。南方凉果类制品，多数用柠檬黄染色，红色果品用胭脂红或苋菜红染色。

（四）糖制（又称糖渍）

糖制是蜜饯类加工的主要工艺。糖制过程是果品原料排水吸糖过程，糖液中糖分依靠扩散作用进入组织细胞间隙，再通过渗透作用进入细胞内。最终达到要求含糖量。

糖制方法有蜜制（冷制）和煮制（热制）两种。蜜制适用于皮薄多汁、质地柔软的原料；煮制适用于质地紧密，耐煮性强的原料。

1. 蜜制　蜜制是指用糖液进行糖渍，使制品达到要求的糖度。糖青梅、糖杨梅、樱桃蜜饯、无花果蜜饯以及多数凉果，都采用蜜制法制成的。此法的基本特点在于分次加糖，不用加热，能很好保存产品的色泽、风味、营养价值和应有的形态。

在未加热的蜜制过程中，原料组织保持一定的膨压，当与糖液接触时，由于细胞内外渗透压存在差异而发生内外渗透现象，使组织中水分向外扩散排出，糖分向内扩散渗入。但糖浓度过高时，会出现失水过快、过多，使组织膨压下降而收缩，影响制品饱满度和产量。为了加速扩散并保持一定饱满形态，可采用下列蜜制方法。

（1）分次加糖法　将需要加入的食糖，在蜜制过程中，分3～4次加入，逐次提高蜜制的糖浓度。具体方法如下所示：

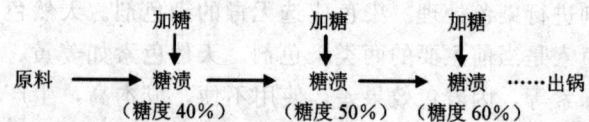

（2）一次加糖多次浓缩法　在蜜制过程，分期将糖液倒出，加热浓缩，提高糖浓度，再将热糖液回加到原料中继续糖渍，冷果与热糖液接触，利用温差和糖浓度差的双重作用，加速糖分的扩散渗入。其效果优于分次加糖法。

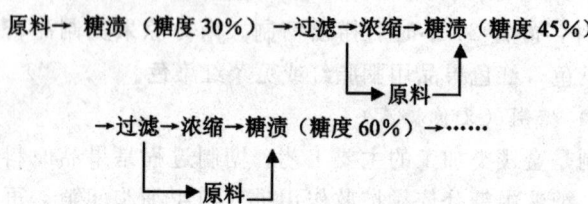

（3）减压蜜制法　果品在减压锅内抽空，使果品内部气压降低，然后破坏真空，因外压大，促进糖分渗入果内。具体方法如下：

原料→30％的糖液抽空（986.58 千帕，40～60 分钟）→糖渍（8 小时）→45％糖液抽空（986.58 千帕，40～60 分钟）→糖渍（8 小时）→60％糖液抽空（986.58 千帕，40～60 分钟）→糖渍至终点

（4）蜜制干燥法　凉果的蜜制多数采用此法。在蜜制后期，取出半成品曝晒，使之失去 20％～30％的水分后，再行蜜制至终点。此法可减少糖用量，降低成本，缩短蜜制时间。

2. 煮制（又称糖煮）　加糖煮制有利糖分迅速渗入，缩短加工期，但色香味较差，维生素损失多。煮制分常压煮制和减压煮制两种。常压煮制又分一次煮制、多次煮制和快速煮制3种。减压煮制分减压煮制和扩散煮制。

（1）一次煮制法　经预处理好的原料在加糖后一次性煮制成功。如苹果脯、蜜枣等。先配好40%的糖液入锅，倒入处理好的果实，加大火使糖液沸腾，果实内水分外渗，糖液浓度渐稀，然后分次加糖，使糖液浓度缓慢增高至60%～65%停火。

此法快速省工，但持续加热时间长，原料易烂，色香味差，维生素破坏严重，糖分难以达到内外平衡，致使原料失水过多而出现干缩现象。

（2）多次煮制法　经3～5次完成煮制。先用30%～40%的糖溶液煮到原料稍软时，放冷糖渍24小时。其后，每次煮制均增加糖浓度10%，煮沸腾2～3分钟，直到糖浓度达60%以上。

多次煮制法，每次加热时间短，辅以放冷糖渍，逐步提高糖浓度，因而获得较满意的产品质量。适用于细胞壁较厚、难以渗糖（易发生干缩）和易煮制烂的柔软原料或含水量高的原料。但加工时间过长，煮制过程不能连续化、费工、费时、占容器，在生产实践中，创出了快速煮制法和连续扩散法。

（3）快速煮制法　让原料在糖液中交替进行加热糖煮和放冷糖渍，使果品内部气压迅速消除，糖分快速渗入而达平衡。处理方法是将原料装入网袋中，先在30%热糖液中煮4～8分钟，取出立即浸入到等浓度的15℃糖液中冷却。如此交替进行4～5次，每次提高糖浓度10%，最后完成煮制过程：

原料→30%的糖液中煮4～8分钟→15℃的30%糖液中冷却2～3分钟→40%的糖液中煮4～8分钟→15℃的40%糖液中煮2～3分钟→50%糖液中煮4～8分钟→15℃的50%糖液中冷却2～3分钟→60%糖液中煮4～8分钟→15℃的60%糖液冷却2～3分钟

此法可连续进行，时间短、产品质量高，但需备有足够的冷糖液。

（4）减压煮制法　又称真空煮制法。原料在真空和较低温度下煮沸，因组织中不存在大量空气，糖分能迅速渗入达到平衡。温度低，时间短，制品色香味体都比常压煮制优。具体方法如下：

原料→煮软→25％糖液中抽空（85.33千帕，4～6分钟）→糖渍→40％糖液抽空（85.33千帕，4～6分钟）→糖渍→60％糖液抽空（85.33千帕，4～6分钟）→糖渍→终点

（5）扩散煮制法　原料装在一组真空扩散器内，用由淡到浓的几种糖液，对一组扩散器的原料，连续多次进行浸渍，逐步提高糖浓度。操作时，先将原料密闭在真空扩散器内，抽空排除原料组织中的空气，而后加入95℃热糖液，待糖分扩散渗透后，将糖液顺序转入另一扩散器内，再在原来的扩散器内加入较高浓度的热糖液，如此连续进行几次，制品即达到要求的糖浓度。这种方法是真空处理，煮制效果好，可连续操作。

3. 烘晒与上糖衣　除糖渍蜜饯外，多数制品在糖制后须行烘晒，除去部分水分，使表面不黏，利于保藏。烘烤温度不宜超过65℃，烘烤后的蜜饯，要求保持完整、饱满、不皱缩、不结晶、质地柔软，含水量在18％～22％，含糖达60％～65％。

制糖衣蜜饯，可在干燥后用过饱和糖液浸泡一下取出冷却，使糖液在制品表面上凝结成一层晶亮的糖衣薄膜。使制品不黏结、不返沙，增强保藏性。在干燥快结束的蜜饯表面，撒上结晶糖粉或白砂糖，拌匀，筛去多余糖粉，即得晶糖蜜饯。

4. 包装和贮藏　干燥后蜜饯应及时整理或整形，然后按商品包装要求进行包装。包装既要达到防潮、防霉，便于转运和保藏，还要在市场竞争中具备美观、大方、新颖和反映制品面貌的包装。干态蜜饯或半干态蜜饯的包装形式，一般先用塑料食品袋包装，再行装箱（纸箱或木箱），箱内衬牛皮纸或玻璃纸，每箱

装量 25 千克。颗粒包装、小包装和大包装已成为新的发展趋势。每块蜜饯先用透明玻璃纸包好，再装入塑料食品袋或硬纸包装盒内，然后装箱，纸箱外用胶带纸粘好，木箱扎铁箍两道。带汁的糖渍蜜饯则采用罐头包装形式。在装罐、密封后，用 90℃进行巴氏杀菌 20～30 分钟，取出冷却。不论何种包装，所用材料必须无毒、清洁，符合食品卫生要求。包装人员身体应健康，并注意个人卫生。包装的环境须清洁、无尘。包装的称重要准、足。大包装上要有标志、图案，注明产品名称、净重、厂名、出厂日期、保存期限和注意事项等。

贮藏糖制品的库房要清洁、干燥、通风。库房地面要有隔湿材料铺垫。库房温度最好保持在 12℃～15℃，避免温度低于 10℃而引起蔗糖晶析；对不进行杀菌和不密封的蜜饯，宜将相对湿度控制在 70％以下。贮期如发现制品有轻度吸湿变质现象，则应将制品放入烘房复烤，冷却后重新包装；受潮严重的制品要重新煮烘后复制为成品。

第二节　实例分析

一、苹果脯的加工技术

（一）高糖苹果脯的加工

我国的传统苹果脯都是高糖型，成品的含糖量在 65％以上，生产这种果脯我国已有丰富的经验。苹果脯的工艺流程如下：

选果→清洗→去皮→切分、去芯→护色→糖煮→糖渍→烘干→整形→包装

1. 原料的准备　制作苹果脯的原料，应选择组织疏松、耐煮制、糖酸比较低和果核较小的品种。常用的品种为国光、红玉和倭锦等。原料清洗后要去皮、去核，果片的形状最好是垂直于果轴切成片状，片的厚度在 20～25 毫米。这种形状有利于均匀地渗糖，加快渗糖的速度，同时产品的外观好。但用手工切成这种

形状和厚度的果片比较困难，切片的速度较慢。为了便于加工，我国传统的加工方法是将苹果沿其轴向切成 4 块。

目前常用的苹果去皮方法是机械式的，即用简易削皮机削去外皮，有的工厂也使用化学去皮方法。

2. 护色　去皮、切分后的果肉很容易因氧化而发生褐变，因此要进行护色处理。最常用的护色方法是用二氧化硫处理，可用硫熏，也可用亚硫酸溶液浸泡。用亚硫酸浸泡时，配制浓度为 0.2%～0.5% 的亚硫酸钠溶液，一般 100 千克的亚硫酸溶液，可浸泡 120～130 千克的苹果，浸泡约 30 分钟。若用硫熏，需要建造一个密闭室，室内设有木架，原料放入竹筐内，筐放在木架上，在架子的下部燃烧硫黄。熏硫时间一般为 30 分钟，用硫黄 2.0～3.0 千克。用硫处理后的果品要用水清洗。

另外，还有食用抗坏血酸、硫酸钙和二氧化硫溶液护色法；浓度为 0.2% 的盐溶液护色法；浓度为 0.2% 的抗坏血酸溶液护色法或含有 0.1% 的盐和 0.01% 的抗坏血酸的溶液护色法。在上述溶液内浸泡几分钟，也有较好的效果。

3. 渗糖与糖渍　在用糖浸渍果品时，可将其中 50% 以上的水分去除，防止果品的褐变，而减少后序干燥时间。高糖果脯的含糖在 65% 以上，其中，还原糖占总糖量的 60% 以上，若还原糖占总糖量的 50% 以下时，易出现不同程度的"反沙"现象，若还原糖占总糖量的 90% 以上时，产品易产生"流糖"现象。糖渍时要控制好糖液的 pH 值。

（1）冷渗糖　对果品进行糖渍时，如何使果品组织内较快地渗入糖分是最关键的工艺。苹果的体型较大，其直径一般为 60 毫米以上，为了加快渗糖速度，首先要把苹果的外皮削去并切成片状或块状。在渗糖的过程中，因果品组织内、外存在糖液浓度差，外部高浓度糖液的渗透压较高，果品内的水分会向外渗透，外部的糖分子会向果品组织内渗透，一直达到动态平衡。在室温下这个过程完全靠分子的自然扩散作用，该扩散作用主要受两个因素的影响。一是果片的组织结构，果片的结构疏松或受到破坏，糖液容易扩散进去，如国光和红玉苹果比富士苹果的渗糖速度快。经过热烫的苹果比未经过热烫的苹果渗透速度快。另外是糖液的黏度，黏度大时扩散速度低。糖液的黏度与其温度和浓度有关，稀糖液的扩散速度高，浓糖液的扩散速度低。因此，要使果片中心的糖浓度达到65%以上，应使糖液的浓度逐渐增加，若一开始就使用很高浓度的糖液进行渗糖，果片内部的水分向外扩散的速度，远大于外部糖液向果片内部组织的渗透速度，使组织失水收缩，渗糖的通道阻塞，不能使果片内部含糖饱满。

（2）热渗糖　果品在加热糖煮时，可加快渗糖，一方面是由于温度提高时，糖液内的糖分子的扩散速度提高，易于向果片内渗透，果片中心的水分子向外的扩散速度也加快，即加快了传质速度。另外，糖液的黏度降低也使扩散速度加快。加热还可使果片的组织疏松、软化，原果胶分解为果胶，使纤维素和半纤维素之间的联络松散，糖分易于渗入。

开始时，果品的组织脱水吸糖，糖液脱糖被水稀释。在100℃以下时，糖液不沸腾，组织中的水分也不是以沸腾方式蒸发，而是以液态渗出组织流入糖液，糖液的浓度高，向组织内渗透。最初，果品表面组织的糖浓度增加并逐渐与糖液达到动态平衡。这样，果品中心至表面的组织中，糖液形成浓度梯度差，此浓度梯度差是糖液向果片中心渗透的动力。当糖液的温度继续提高达到沸腾温度时，水分蒸发，糖液的浓度不断提高，果片内的水分也会蒸发，外部高浓度的糖液会继续向果片内渗透。当果片表面的糖液浓度很高时，组织内的水分排出有困难，会导致组织膨胀，组织内的脱水速度超过糖液向内渗透的速度，外部糖液不能及时补充组织中脱水的空间，而成干缩状态，致使制品透糖不足，达不到吸糖饱满的程度。

为避免以上情况的发生，可采用以下几种方法煮制。

第1种方法是多次煮制法：开始用较低的糖液浓度，如

30％，果片内、外的糖液浓度差不大，易达到平衡。在煮制几分钟后，添加一些冷糖液，使沸腾的糖液降温，延长糖液平衡所需要的时间，果片组织内的水蒸气分压降低、以利于糖的渗入。这样，逐渐提高糖液的浓度，最后使产品达到要求的含糖量和水分。这种方法的缺点是，糖制的时间长，产品的色泽加深，营养损失较多。

第2种方法是变温渗糖法：将果片先放入30％浓度的糖液内煮制几分钟。然后捞出果片立即放入浓度为40％、温度为20℃左右的糖液内，果片组织内的水蒸气分压突然降低，外部的糖液被压入组织。然后将果片移入浓度为40％的糖液内加热数分钟后，再移入浓度为55％、温度为20℃的糖液内渗糖。最后将果片放入浓度为65％的糖液内煮制，以达到产品要求的糖度和含水量。

第3种方法是将果片在糖液内煮制一段时间后，停止加热，放置较长的时间，使果片内外的糖液浓度达到平衡，然后加糖煮制一段时间，再停放一段较长的时间，如此反复，直至产品达到要求的含糖量和含水量。这种方法是目前加工厂加工苹果脯常用方法。其方法是，先将苹果片在浓度为30％的糖液内煮制10分钟，然后在室温下浸渍约15小时，再在浓度为65％的糖液内煮制30～40分钟，即可达到要求的糖度。

（二）低糖苹果脯的加工

由于食糖过多会带来糖尿病、肥胖症、龋齿病等各种危害，高糖果脯销售量逐渐下降。在欧美等一些发达国家，食用高糖果脯的量很小。因此，开发低糖果脯势在必行。

近年来，国内外都在积极研制低糖果脯。但是关于低糖果脯含糖量的标准，目前国内外尚无定论。一般认为含糖量在55％以下就属于低糖果脯。

加工低糖果脯的难点在于：

（1）控制果脯的含糖量在预先要求的范围。

（2）有良好的感官质量，如透明感、淡黄色和柔软等。

（3）有适当的货架寿命，一般应在 6 个月以上。

对于高糖果脯来说，达到以上的要求是较容易的。因为，只要果脯内含糖量高于 65%，水分控制在 20% 左右，就能达到以上的要求。但对于低糖果脯来说，欲使果脯的含糖量达到预先要求的范围，就要在加工中严格控制好影响成品含糖量的各个参数。又如，要使成品比较柔软，果脯的含水量就要高些，但水分适度地提高，却容易受到微生物的污染，从而降低了成品的货架寿命。降低果脯的含水量以提高其货架寿命，果脯的感官质量就较差。

二、梨脯的加工技术

工艺流程

选料→预处理→糖制→烘干→包装

（一）选料

选用肉厚、成熟度七八成的果实，剔除病虫害及伤果，含水量较少者为佳。

（二）预处理

先用清水清洗果实，然后去皮，可用机械去皮或化学去皮。再将果实切半，挖去果心和果核。随后进行护色，可将梨块放入含 SO_2 为 0.1%～0.2% 的亚硫酸及其盐类的溶液中浸泡 4～6 小时，或以果重 0.3% 的硫黄熏制 2 小时，或将果块浸入 1% 的食盐溶液中。

（三）糖制

梨脯糖制的方法有很多种，现分述如下。

1. 多次煮成法　这是用得最多的一种。

第 1 次糖煮：取 25 千克蔗糖，配制成浓度为 40% 的糖液，加热至沸，将 100 千克经预处理的梨块倒入锅内，再加热至沸，保持 8～10 分钟，随后将梨块捞出，再倒入煮梨的糖液，浸泡 24 小时。

第 2 次糖煮：将上述糖液移至锅中，加入 8 千克糖，调整糖液浓度为 55% 左右，加热至沸，将梨块放入糖液中，再加热至沸，保持 8～10 分钟，随后将梨块捞出，再倒入煮梨的糖液，浸泡 20～24 小时。

第 3 次糖煮：将上述糖液移至锅中，加入 7 千克糖，调整糖液浓度为 65%～70%，加热至沸，倒入梨块，煮沸 10～12 分钟。然后停止加热，加入用 10 千克蔗糖调配的浓度为 65% 的冷糖液后，再一起移出，待温度降至 70℃～80℃ 时，捞出，沥干糖液，即可进行烘烤。

2. 糖渍糖煮法　这是糖渍和糖煮相结合的一种糖制方法。

（1）糖渍　先取 20 千克蔗糖腌渍 100 千克梨块，在容器底部撒一层糖，再铺上一层梨，这样一层糖一层梨块，最上面用糖盖顶。撒糖时，要注意撒糖量是下少上多，糖渍 20～24 小时。

（2）糖煮　糖煮一般要经多次，先取浓度为 50% 的糖液 18 千克入锅，煮沸；把糖渍梨块连同糖液一同放入锅中，煮沸 10～12 分钟，随后加入浓度为 50% 的冷糖液 10 千克，煮沸 10～12 分钟。然后，往糖液中加蔗糖两次，每次 8 千克，每次加入前先将糖液煮沸后加入，最后煮沸 20～30 分钟，全糖液浓度为 65%～70%，梨块透明时为止。随即将梨块连同糖浆一起移出，浸泡 30～36 小时，再捞出，沥净糖液，以备烘烤。

（四）烘干、包装

将糖制好的梨块整形后摆入烘盘，送入烘房。在 60℃～65℃ 温度下烘烤 30～35 小时，至含水量降至 17%～20% 时止。取出待其冷却，即可包装。

（五）成品特点

色泽浅黄或金黄，呈半透明状，组织饱满，甜酸适口，不粘手，无异味和焦味，果块柔软，口感滋润，略有原果风味。

三、杏脯的加工技术

工艺流程

选料→清洗→切分→去核→护色→漂洗→熏硫→糖制→整形→包装

（一）选料

选用个大、肉厚、色黄、质地细、风味浓的优良品种。以果实表皮青色褪尽、全部呈现黄色、约八成熟的鲜杏为佳，剔除生、青、软、烂、病、虫果。

（二）清洗、切分、去核

将杏果用清水洗净，然后将鲜杏平放，缝合线朝上，用手沿缝合线切开，再用手掰开一半，然后用手把另一半的杏核挖掉。

（三）护色、漂洗

将杏碗立即放入2%的食盐水中浸泡护色，浸泡2～3小时后，投入清水中冲洗，并沥干水分。

（四）熏硫

将杏碗置于竹盘上，洒少量清水，送入熏硫房进行熏硫，历时2～3小时，见杏碗有水珠出现，杏肉呈淡黄色时即可移出烘房。

（五）糖制

制作杏脯的糖制方法主要有以下几种：

1. 多次煮成法　取一锅，将蔗糖30千克加水配制成40%浓度的糖液，对于含酸量较少的甜杏，可加少量枸橼酸。煮沸后加入杏碗，沸煮15～20分钟，然后将杏碗连同糖液一起移入浸缸，浸渍24小时。

接着，把糖液移入锅中，加入蔗糖约20千克，调整糖液浓度至65%，煮沸后，放入杏碗，沸煮10～15分钟，然后加入浓度为65%的冷糖液15千克煮沸后一起移入浸缸，浸渍24小时。再移入锅中加热至沸，沸煮10～15分钟，随后移至浸缸，待温度降至70℃～80℃时，捞出，沥尽糖液。

2. 糖渍糖煮法　先糖渍。取一缸，1层糖1层杏地腌渍起来，用糖盖住，腌渍48小时。

接着进行糖煮。取一锅，将腌渍的糖液移入锅内，加蔗糖约20千克，配制成浓度65%的糖液，煮沸后移入杏碗，用文火沸煮15～20分钟后，加入浓度为65%的冷糖液15千克，随后移入浸缸中，浸渍24小时，再移入锅中，升温至70℃～80℃时，捞出杏碗，沥干糖液。

（六）烘制、整形

将杏碗摊入烘盘，送入烘房，在 60℃～65℃ 温度下烘烤 10～12 小时，至含水量不超过 26％为至，移出烘房，在室温下回潮 24 小时。然后，将杏碗压成片状。

（七）烘制、包装

将杏片摊入烘盘，再入烘房，于 55℃～60℃ 温度烘至含水量不超过 20％时为止。移出烘房后经回潮，再剔除不合格品，用塑料袋做定量密封包装。

成品特点：色泽橘黄，鲜艳，透明发亮，形状扁圆，肉厚柔软带韧性，酸甜可口，有原果香味。

第五章　果酱加工技术

第一节　加工的基本工艺流程

一、果酱分类

果酱制品无需保持原来的形状，但应具有原有的风味，一般多为高糖高酸制品。按其制法和成品性质，可分为以下几类。

1. 果酱　分泥状及块状果酱两种，果品原料经处理后，打碎或切成块状，加糖（含酸及果胶量低的原料可适量加酸和果胶）浓缩的凝胶制品。如草莓酱、杏酱、苹果酱等。

2. 果泥　一般是将单种或数种果泥混合，经软化打浆或筛滤后得到细腻的果肉浆液，加入适量砂糖（或不加糖），经加热浓缩成稠厚泥状。如枣泥、苹果泥、山楂泥、什锦果泥等。

3. 果冻　将果实软化，榨汁过滤后，加糖、酸（含酸量高时可省略）以及适量果胶（山楂原料除外），经加热浓缩后而制得的凝胶制品。

该制品应具光滑透明的性状，切割时有弹性，其切面柔滑而有光泽。如山楂冻、苹果冻、橘子冻等。

4. 果糕　将果实软化后，取其果肉浆液，加糖、酸、果胶浓缩而成的凝胶制品。如山楂糕等。

二、果酱类原料选择

1. 果酱类　宜用香气浓郁、色泽美观、易于破碎的柑橘、凤梨、苹果、杏、无花果、草莓、猕猴桃、山楂等果品为原料。凤梨、柑橘类果酱也可用罐藏下脚料加工制成。杏以大红杏、鸡蛋杏、巴斗杏、串枝红等品种为佳。无花果中以浙江、安徽的红皮无花果为佳。草莓宜选红色的鸡心、鸡冠、鸭嘴等品种。

2. 果泥类　苹果泥选用含糖量和含酸量高的原料最好。枣泥用红枣制成。南瓜泥宜选肉质肥厚、纤维素少、色泽金黄的品种。

3. 果冻类　应选果胶和果酸丰富的果品，如以山楂、柑橘、酸樱桃、番石榴以及酸味浓的苹果为原料。

三、果酱类加工工艺

果酱类制品是以果品为原料，经过清洗、去皮、去核、软化、打浆或磨细，或压榨取汁，加糖及其他配料，经过浓缩、装罐而成的一类半流体或固体食品。

（一）原料处理及要求

原料须先剔除霉烂、成熟度低等不合格果，必要时按成熟度分级，再按不同种类的产品要求，分别经过清洗、去皮（或不去皮）、去核（芯）（或不去核）、切块（莓果类及全果糖渍品原料要保持全果浓缩）、修整（彻底修除斑点、虫害等部分）等处理。果皮粗硬的原料，如菠萝、梨、苹果、桃、柑橘（全柑可带皮）等，必须除去外皮。去皮切块易变色的果品必须及时浸入食盐水、酸或酸盐混合液中护色，并尽快加热软化，破坏酶的活力。

（二）加热软化

加热软化的主要目的：破坏酶的活力，防止变色和果胶水解；软化果肉组织，便于打浆和糖液渗透；促进腐烂、变坏组织中的果胶溶出，并蒸发掉部分水，缩短浓缩时间。果品软化时，可加水或加稀糖液加热软化，软化升温要快，时间依原料种类及成熟度而异。每批投料不宜过多，生产流程要快，防止长时间加热，影响风味和色泽。生产果冻的果品，软化后须用榨出果汁，经过滤、澄清处理。柑橘类一般使用果肉榨汁，残渣再加入适量水加热软化，抽出果胶液与汁混合使用。

（三）果酱类配料

1. 配方　按原料种类及制品质量标准确定。

（1）果肉（汁）　占总配料量的 40%～50%。

（2）砂糖　占总配料量的 45%～60%（允许使用占总糖量 20%的淀粉糖浆）。

（3）成品总酸量　0.5%～1.0%（不足可加枸橼酸）。

（4）成品果胶量　0.4%～0.9%（不足可加果胶或琼脂等）。

2. 配料准备　所用配料砂糖、枸橼酸、果胶或琼脂等，均应事先配制成浓溶液过滤备用。

（1）砂糖　配成 70%～75%的浓糖浆。

（2）枸橼酸　配成 20%溶液。

（3）果胶粉　按粉量加 2～4 倍砂糖，充分拌匀，再按粉量加水 10～15 倍，在搅拌下加热溶化为溶液。

（4）琼脂　用温水浸泡软化，洗净杂质，加热溶解后过滤，加水量为琼脂量的 20 倍。

3. 投料顺序　果肉应先入锅加热软化，时间 10～20 分钟。然后加入浓糖液（以分批加入为宜），继续浓缩到接近终点时，按次加入果胶液或琼脂液，最后加枸橼酸液，在搅拌下浓缩至终点出锅。

（四）加热浓缩

加热浓缩是果品原料及糖液中水分的蒸发过程。大部分果品原料对热敏感性很强，浓缩方法有常压浓缩和减压浓缩。

1. 常压浓缩　常压浓缩的主要设备是盛物料的带搅拌器的夹层锅。物料入锅后在常压下用蒸气加热浓缩，开始时蒸气压较大，29.4～39.2 千帕，后期因物料可溶性固形物含量提高，极易因高温褐变焦化，蒸气压应降至 19.6 千帕左右。为缩短浓缩时间，保持制品良好的色、香、味和胶凝力，每锅下料量以控制出成品 50～60 千克为宜，浓缩时间以 30～60 分钟为好。时间太短会因转化糖不足而在贮藏期发生蔗糖结晶现象。

浓缩过程要注意不断搅拌，以防锅底焦化。出现大量气泡时，可洒入少量冷水，防止汁液外溢损失。常压浓缩的主要缺点是温度高，水分蒸发慢，芳香物质和维生素 C 损失严重，制品色泽差。欲制优质果酱，宜选用减压浓缩法。

2. 减压浓缩　减压浓缩又称真空浓缩。有单效、双效两种浓缩装置。以单效浓缩锅为例，该机是一个带搅拌器的双层锅，配有真空装置。工作时，先通入蒸汽干锅内赶走空气，再开动离心泵，使锅内形成一定的真空，当真空度达 53.3 千帕以上时，才能开启进料阀，待浓缩的物料靠锅内的真空吸力吸入锅中，达到容量要求后，开启蒸气阀门和搅拌器进行浓缩。加热蒸汽压务必保持在 98.0～147.1 千帕，锅内真空度为 86.7～96.1 千帕，温度 50℃～60℃。浓缩过程若泡沫上升激烈，可开启锅内的空气阀，使空气进入锅内抑制泡沫上升，待正常后再关闭。浓缩过程应保持物料超过加热面，以防焦锅。当浓缩至接近终点时，关闭真空泵开关，破坏锅内真空，在搅拌下将果酱加热升温至 90℃～95℃，然后迅速关闭进气阀，出锅。浓缩终点的判断，主要靠取样用折光计测定可溶性固形物的浓度，或凭经验控制。

（五）装罐、密封

果酱类大多用玻璃瓶或防酸涂料铁皮罐为包装容器，容器使用前必须彻底洗刷干净。铁罐以 95℃～100℃热水或蒸气消毒 3～5 分钟，玻璃罐用 95℃～100℃的蒸气消毒 5～10 分钟，然后倒罐沥水。装罐时，保持罐温在 40℃以上。胶圈经水浸泡脱酸后使用。罐盖以沸水消毒 3～5 分钟。

果酱、果糕、果冻出锅后，应及时快速装罐密封，一般要求每锅酱分装完毕不超过 30 分钟，密封时的酱体温度不低于 80℃～90℃，封罐后应立即杀菌、冷却。

（六）杀菌、冷却

果酱加热浓缩过程中，微生物绝大多数被杀死，加上果酱高糖高酸对微生物也有很强的抑制作用，一般装罐密封后，残留于果酱中的微生物是难以繁殖危害的。对于工艺卫生条件好的生产厂家，可在封罐后倒置数分钟，利用酱体余热进行罐盖消毒，然后直接入库，不用杀菌，即可保存 1～2 年。但为了安全，在封罐后可进行杀菌处理（5～10 分钟，100℃）。铁皮罐包装可在杀菌结束后迅速用冷水冷却至常温，仅玻璃罐（或瓶）包装的宜分段降温冷却（85℃热水中，冷却 10 分钟→60℃，10 分钟→冷水中冷却至常温），然后用干布擦去罐（瓶）外水分和污物，送入库房保存。

第二节　实例分析

一、苹果酱的加工技术

苹果酱加工的工艺流程：

选料→清洗→去皮、去芯→切块→加热软化→打浆→调配→浓缩→装罐

（一）原料处理

选择成熟度适当的原料，剔除腐烂和不合格的果实，清洗、去皮去芯后切成小块（不去皮、去芯直接切成小块也可），加入果肉重量 10％～20％ 的水，在夹层锅或螺旋式预煮锅内煮 10～20 分钟，使果肉软化和果胶渗出。然后放入打浆机内打浆，打浆机的筛孔一般为 0.5 毫米。

（二）调配和浓缩

果浆原料一般占 40％～55％，砂糖占 45％～60％。砂糖一般配制成 75％ 浓度的糖液进行过滤后备用。将原料预先计算好，如 100 千克苹果浆，加入约 130 千克浓度 75％ 的糖液。然后放入夹层锅或真空浓缩锅内煮制，浓缩。用真空锅浓缩时，真空度为 86.6～95.9 千帕，温度约在 70℃，浓缩至终点时，解除真空，将物料加热至 90℃～95℃ 杀菌，然后出料灌装。真空浓缩的速度快，质量好。浓缩时间一般需 30 分钟左右。

（三）装罐

果酱因含高糖和高酸，其 pH 值较低，故在装罐密封后残存于果酱内的微生物不易繁殖，一般在卫生条件较好时可进行热灌

装，灌装温度不低于 85℃，封口后将容器倒置 3 分钟，然后迅速将其冷却即可。为了更加安全，也可在灌装、封口后将罐头放入 82℃～87℃ 的热水中保温 15～30 分钟进行杀菌，然后将其迅速冷却。包装容器一般用 454 克的玻璃容器，现在也常使用塑料容器。为了食用方便，常使用数十克的塑料小包装。

二、草莓酱的加工技术

草莓酱加工的工艺流程

选料→清洗→加热浓缩→装罐→密封→杀菌、冷却→成品

（一）选料

选用果胶和果酸含量高的品种。要求以果形大、果面红或浅红、八九成熟的新鲜草莓为原料。

（二）清洗

用清水或漂白粉溶液浸泡，冲洗干净，去净果梗、萼片和杂物。

（三）加热浓缩

采用真空浓缩，把糖液和草莓倒入夹层锅内，控制真空度到 46.6～53.3 千帕，加热软化 5～10 分钟。然后将真空提高到 80 千帕以上，浓缩至酱内可溶性固形物为 60%～63% 时，加入已溶解好的山梨酸和枸橼酸。继续浓缩至糖液浓度为 67%～68%，可溶性固形物达 63% 以上时，关闭真空泵，破除真空，并把蒸汽压提高到 0.245 兆帕进行加热，酱温达到 98℃～102℃ 时停止加热，边搅拌边出锅。

（四）装罐

出锅后要在 20 分钟内装完，净重 454 克玻璃瓶装酱 454 克。

（五）密封

趁热密封。酱温不低于 70℃。

（六）杀菌、冷却

杀菌方式：5～20 分钟，100℃，杀菌后分段冷却。

质量标准：成品呈紫红色或红褐色，色泽均匀一致，有草莓

酱应有的风味。无焦煳味及其他异味。酱体呈浓稠状，并保留部分果块，无糖的结晶，无果梗及萼片，总糖量（按转化糖汁）≥57％，可溶性固形物（按折光计）≥65％。

三、桃酱的加工技术

桃酱加工的工艺流程：

原料选择→切分→去核→去皮、修整→绞碎→配料→软化和浓缩→装罐→密封→杀菌和冷却插罐入库

（一）选择

先用水蜜桃、大白桃、黄桃等，八成熟，无病虫、无机械损伤、无腐烂的果实。

（二）切分

沿桃子缝合线对劈开。

（三）去核

用挖核圈或匙形挖核刀挖出桃核。去核后的桃片立即放入12％的食盐水中。以抑制果肉中的多酚氧化酶，防止桃褐变。

（四）去皮、修整

用4％～6％的氢氧化钠溶液，保持在90℃～95℃的温度下，浸30～60秒，进行去皮。然后取出桃子投入流动水中冷却。成熟度过高的桃子，则不用碱液去皮，可直接进行热浸后剥皮。热浸后的桃子立即放入清洁流动水内冷却，漂洗15分钟。漂洗时轻轻搅动，使桃瓣间稍有摩擦，脱净果皮。

（五）绞碎

将修整、洗净后的桃块，用绞板孔径为8～10毫米的绞肉机绞碎，及时加热软化，防止变色。

（六）配料

果肉25千克，砂糖24～27千克（包括软化用糖），枸橼酸适量。

（七）软化和浓缩

果肉25千克，加75％糖水15千克及少量的枸橼酸，放在夹层锅内加热煮沸20～30分钟使果肉软化，软化时要不断搅拌，

防止焦煳，然后分次加入规定量的浓糖液，煮至可溶性固形物含量达 60% 时，加入淀粉糖浆和枸橼酸。然后继续加热浓缩，至可溶性固形物达 66% 左右时，关汽出锅，迅速装罐。

（八）装罐

将桃酱装入经清洗消毒的玻璃罐，容量为 630 克，9116 型马口铁罐装 1000 克，里面留适当空隙。

（九）密封

在酱体温度不低于 85℃ 时立即密封。

（十）杀菌和冷却

杀菌方式为（5～15 分钟）/100℃，分段冷却至 37℃ 以下。

（十一）擦罐入库

擦干罐身和罐盖，放在 20℃ 的仓库内贮存 1 周，即可出库。

质量标准：

1. 感官指标　酱体红褐色或琥珀色，均匀一致，具有桃子风味，无焦煳和其他异味，酱体无粗大果块，酱体胶黏状，不流散，不分泌汁液，无结晶糖，无果皮、果梗等。

2. 理化指标　总糖量≥57%（以转化糖计），可溶性固形物含量≥65%（按折光计）。

四、杏酱加工技术

杏酱加工的工艺流程：

选料→清洗、切半→去核→修整→软化→打浆→浓缩→装罐→封口→杀菌、冷却

（一）选料

杏果新鲜饱满，成熟适度，无虫眼、霉变。

（二）清洗、切半、去核、修整

用流动水洗去果物表面沾染的泥沙、杂物、沿缝线将杏分开两半。除去杏核，修占表面黑色斑疤，浸入 1% $NaHSO_3$ ＋5% $NaCl$ 中护色。

（三）软化

在锅中加入杏肉和少量清水软化 10～20 分钟。

（四）打浆

用孔径 0.7～1 毫米的打浆机打浆 1～2 遍。

（五）浓缩

1. 块状酱　杏 80 千克、白砂糖 107 千克。

2. 泥装酱　杏泥 140 千克、白砂糖 160 千克、一般杏 100 千克、白砂糖 80 千克，先将糖溶化成 75％糖浆，煮沸过滤浓缩到 80％以上。

杏块和杏泥浓缩 20 分钟，然后倒入浓缩液，边搅拌边浓缩，当可溶性固形物达到 55％～65％时出锅。

（六）装罐

铁罐要用耐酸涂料铁皮制成，先洗净消毒；四旋瓶及盖、胶圈（垫）用 75％酒精消毒。装罐温度 85℃，瓶口无残留果酱。

（七）封口

装罐后立即封口。封口时，酱中心温度不低于 85℃。要逐个检验封口质量。

（八）杀菌、冷却

四旋瓶升温 5 分钟，100℃下保持 15 分钟，分段冷却。766 型铁罐升温 5 分钟，在 100℃下保持 15 分钟，迅速冷却至 37℃以下。

质量标准：黄色或金黄或棕黄；有光泽；有杏浆应有的风味；无异味；酱体胶黏，无糖结晶，无残核果梗，无杂质。可溶性固形物 55％～65％，总糖量 50％～57％，重金属、微生物指标符合卫生标准。

第六章　果汁加工技术

第一节　概　　论

一、果汁的分类

果汁的种类很多，按其状态一般可分为以下 5 种：

1. 原果汁　原果汁又称天然果汁，是由新鲜果品直接提取得到的汁液（或原汁）。原果汁可分为澄清果汁和混浊果汁两种。

（1）澄清果汁　澄清果汁也称透明果汁，外观呈清亮透明的状态。果实经过提取后所得的汁液往往含有细微果肉及蛋白质、果胶物质等，使汁液混浊不清，放置一段时间后，出现分层现象，产生沉淀。经过滤、静置或加澄清剂后，即可得到澄清透明的果汁。这种果汁由于果肉微粒、果胶质部分被除去，虽然制品的稳定性高，但风味、色泽和营养价值也由此受到损失，故大部分国家均提倡生产混浊果汁。

（2）混浊果汁　混浊果汁的外观呈混浊均匀的液态，果汁内含有果肉微粒。制造工艺与澄清汁有所不同，不经澄清处理，但必须经过高压均质处理，不允许有大颗粒，以免影响商品价值。这类果汁的营养成分大部分存在于果汁的悬浮微粒中，故风味、色泽和营养价值都较澄清汁好。

2. 浓缩果汁　原果汁经过蒸发、冷冻或其他适当的方法，使其浓度提高到 20％ 以上的浓缩果汁，不得加糖、色素、防腐剂、香料、乳化剂及人工甜味剂等添加剂，按其浓缩程度而称为二倍浓缩果汁、四倍浓缩果汁、六倍浓缩果汁。

3. 带肉果汁　果实经过打浆、磨细、粗滤，加入适量糖、水、枸橼酸等辅料调整，并经脱气、均质、装罐和杀菌而成。一般要求成品的原果浆含量不低于 45%，非可溶性固形物 20% 以上。具有本品种特有的风味。适用于生产带果肉果汁的果品有桃、苹果、杏、洋梨及香蕉等。

4. 加糖果汁　加糖果汁也称之为果汁糖浆。系由原果汁或浓缩果汁，加入糖及枸橼酸，调整至总糖含量在 60% 以上（以转化糖计），总酸量在 0.9%～2.5%（以枸橼酸计），然后加热溶解，过滤制成。但任何品种的成品中原果汁含量应在 50% 以上，不含色素、防腐剂、乳化剂及人工甜味剂，可以直接按倍数稀释后饮用，也可制成其他饮料。

5. 果汁饮料　含新鲜原果汁 6%～20%，允许加入法定色素、防腐剂、乳化剂及香料的果汁称之为饮料或软饮料。

二、果汁加工对原料的要求

1. 果汁原料的新鲜度　果汁加工以新鲜果实为原料。果实的新鲜程度影响果汁的新鲜风味，是决定最后产品质量的重要因素。加工用原料越新鲜完好，成品的品质也就越好。采摘存放时间太长的果实，造成果实水分蒸发损失，果实的新鲜度降低，酸度降低，糖分升高，维生素损失。另一方面，由于果实堆放，果品温度升高，易腐烂变质。

2. 果实原料品质　选用汁液丰富，提取果汁容易，糖分含量高，香味浓郁的果实，是保证果实出汁率和果汁风味的一个重要因素。例如，葡萄、樱桃、柑橘等果实都适宜加工果汁。

3. 果实的成熟度　果实的成熟度对果实的汁液含量、可溶性固形物含量及芳香合成物含量都有影响。果汁加工要求原料九成左右成熟，色泽鲜艳，果香纯正浓郁，糖度和酸度高，榨汁容易。

三、适于果汁加工的果品种类

1. 苹果　苹果的出汁率为 25%～80%。苹果汁是由不带杂质与虫害污染的高质量苹果所制成。苹果具有特殊的芳香，合适的糖酸比。用于果汁加工的苹果，最好选用小个的，因为小个的苹果有很强烈的果香气味，果香气味成分主要来源于果皮。可用两种或更多品种的果汁调配混合。在美国标准中，苹果汁分为两类：清亮的（澄清的苹果汁）和混浊的（未澄清的苹果汁，但并非破碎和分解了的苹果产品）。在欧洲市场上既有清亮果汁，又有混浊果汁，清亮果汁具有代表性。

2. 杏　杏的出汁率为 60%～70%。以前，杏几乎都是晒干销售。现在用鲜杏可生产甜饮料、果酱和果冻。为了增加杏仁的果香味，在加工中可以把少数果核压碎，剩下的果核用于制造佩西潘（一种绿蛋白杏仁糖果块）。杏风味良好，可用于制造甜饮料和各种饮料。杏长期接触高温，会严重地影响质量。

3. 黑浆果　黑浆果的出汁率为 75%～80%。成熟的果莓外观乌黑晶莹，有类似木莓的强烈气味。野生黑莓风味更佳，所含糖酸成分也较高。人工栽培的品种，出汁率较高，是制造果酱、糖酱、果汁和饮料（黑莓白兰地）的优良原料。

4. 樱桃　樱桃的出汁率为 65%～75%。酸樱桃在欧洲广泛地被用来制造一种非常芳香的果汁。要求果实中等大，呈深红色。一般在熟透时去采摘，通常连同果核一块压榨，这种果品制成果汁时，由于破碎了一些果核，带有一种杏仁味，因而这种果汁在欧洲很受消费者欢迎。甜樱桃的汁在市场上比较短缺。酸味弱，色易褐变，对热非常敏感。最好掺入黑醋栗或红醋栗汁，以改进果汁的味道和颜色。

5. 葡萄　葡萄具有良好的色、香、味和质地。葡萄汁是最受欢迎的一种果汁，把葡萄从梗上摘下来，再进行榨汁得到未发酵的果汁。压榨所得的果汁因含单宁而发苦，发涩，如果加工无色葡萄汁，最好用蒸气和热水处理，除去颜色，以便除去过量的单宁、酸和刺鼻的气味。加热了的葡萄大约可以增加 15% 的果汁，其中包含 40% 的固体，60% 的水分。

6. 芒果　芒果广泛地生长在热带和亚热带地区。由于它的风味浓郁，成为人们特别爱吃的果品。形状有椭圆形或圆形。果皮呈皮革状，绿色，占整个果实的 $8\%\sim16\%$，当皮的颜色趋于黄绿色时，是采摘加工的最佳成熟期。果核在果品的重量中占有很高的比例。果核牢固地附于周围未成熟的纤维肉上，当芒果处于最佳成熟状态时，果核易于分离取出。完全成熟的芒果中，果肉占果实质量的 $58\%\sim75\%$。

7. 黑醋栗　黑醋栗的出汁率为 $75\%\sim80\%$。黑醋栗果汁在欧洲很受欢迎。但由于它的自然酸味很大，香味很浓，必须加糖和水。黑醋栗果汁是根据其含酸的千分数在市场上销售的。完全成熟的黑醋栗必须用蒸气和果胶酶进行处理，以分解果胶。由于它的维生素 C 含量很高，特别是在欧洲的冬季，人们愿把它作为饮料。

8. 番石榴　番石榴为热带、亚热带果品，可以制取澄清果汁、混浊果汁和果汁粉，也可供制果冻和果泥等其他果品。番石榴维生素 C 含量较高，是一种优良的制汁原料。果汁加工上要求果实风味和色泽好，种子少，pH 值在 $3.3\sim3.5$，可溶性固形物 $9\%\sim12\%$，并要求果实成熟而紧密，石细胞少，维生素含量高。我国广东所产的番石榴有沙红、胭脂红、花红、七月熟和新会晚熟等品种，皆属白肉种，都可制汁，其中风味以胭脂红为好。酸分一般在 $0.34\%\sim0.42\%$ 之间；可溶性固形物一般为 9%，花红的可溶性固形物高达 12.5%；维生素 C 一般为 30 毫克/100 克，但七月熟和新会晚熟高达 $42\sim54$ 毫克/100 克；果胶含量为 $0.5\%\sim0.8\%$。

9. 桃　桃用以制取带肉果汁，一般认为，以肉厚核小、汁液较多、粗纤维少、味浓、酸分适度和富有香气的欧洲系品种为宜。肉质以质密而汁多为宜，果肉色泽以黄肉为宜。用白肉制取的带肉桃汁，缺点较多。原料果必须品质完好而成熟。烂果常使果汁带有一种类似苯甲醛的不良气味，这种气味来自腐败坏果，是由一种类似苦杏仁苷的含氰葡萄苷经酶的水解而成。用未熟果制取的果汁，品质低劣。用生霉果制取，会使果汁混浊不清。

10. 柑橘类　柑橘类果品包括柑、橘、橙和柚等果品，它们色、香、味皆优，汁多爽口，适用于加工果汁。橘以江西的樟头红最为理想，品质超过温州蜜柑和其他宽皮橘品种。樟头红含有丰富的酸分，香味浓郁而别具一格。另外，红橘、雪柑等制得的果汁品质甚佳。橙应选择果皮厚度适中，有足够的韧度，果实出汁率高，糖酸比适中，无过多苦味的品种。常用品种有伏令夏橙、凤梨橙、化州橙、吉发橙、地中海橙，另外，先锋橙也是适宜品种。柚由于制汁容易，果汁稳定，经长期贮藏后不产生苦味，并且风味和色泽常胜于橙汁，因此也是制汁的好原料，品种应选择出汁率高，风味浓郁，含柚皮苷少的果实。

11. 柠檬　柠檬果实可供加工酸汁及香料，鲜果也可调制饮料，在国际市场上价值很高，占有一定的经济地位。柠檬果汁含枸橼酸5%～7%。柠檬果实的含酸量高，因此不宜鲜食，一般用于切片配制饮料，清香扑鼻，有镇静、通气、开胃、帮助消化和增进食欲之功能。此外，柠檬还可加工制成柠檬露、枸橼酸，配制冷饮、汽水、糖果或制成蜜饯以及果酱等。果皮还可提取柠檬油，是工业上用途很广的高级香料。

12. 菠萝　菠萝的出汁率为70%。热带果品菠萝是一种最香的果实，有显著独特的香味。果汁中的pH值属中性时，可以添加枸橼酸，或添加枸橼酸与抗坏血酸混合物，或用澄清的柠檬汁调配，以调节其酸度。菠萝对细菌感染和发酵变质很敏感，须热处理方可贮存。为了维持菠萝汁的新鲜香味，宜采用高温瞬时加热技术，而不宜用其他方法。欧洲各国销售的菠萝汁大都是混浊汁。在北美洲则欢迎清亮的果汁。用菠萝制造饮料，特别是用于生产冰凉浓缩汁，可以显著地保存果香味。

13. 猕猴桃　猕猴桃因富含维生素C等营养物质，果实色泽呈绿色而别具一格，风味浓郁。因此，猕猴桃汁愈来愈视为佳品，生产量逐年增加；陕西周至县生产的中华猕猴桃是一种制汁的好品种。

14. 石榴　石榴在地中海周围的国家和美国南部地区较多，我国陕西省临潼区石榴享有盛名。石榴果汁酸甜适口，因含酚类物质较多，故其味对调和果汁非常好；阿拉伯人用石榴汁制造果汁露饮料。果皮内含有大量的单宁，常使果汁不能饮用。石榴汁含有很高的糖分和枸橼酸，通过稀释和加糖更为可口。这种果汁香味宜人，并且能和其他果汁很好地调和。通过在加热果汁中溶入糖分可变成石榴汁糖浆。

第二节　加工的主要工艺

一、榨汁和提取

制汁是果汁生产的关键环节。目前，绝大多数果品采用压榨法制汁，而对一些难以用压榨方法获汁的果实如山楂等，可采用加水浸提方法来提取果汁。除柑橘类果汁和带果肉果汁外，一般榨汁前需要破碎工序。

(一) 破碎和打浆

榨汁前先行破碎可以提高出汁率，特别是皮、肉致密的果实必须破碎，但破碎粒度要适当，要有利于压榨过程中果浆内部产生排出果汁的排汁通道。否则，破碎过度，易造成压榨时外层果汁很快榨出，形成一层厚皮，使内层果汁流出困难，反而会造成出汁率下降，榨汁时间延长，混浊物含量增大，使下一工序澄清作业负荷加大等。

果品一般以挤压、剪切、冲击、劈裂、摩擦等形式破碎，如常用机械破碎方法，还有用热力破碎法、冷冻破碎法、超声波破碎法等。不同的原料种类，不同的榨汁方法，要求的破碎粒度是不同的，一般要求果浆的粒度在 3~9 毫米之间，可通过调节破碎工作部件的间隙来控制。葡萄只要压破果皮即可，橘子则可用打浆机破碎。加工带果肉的果汁，原料也广泛采用打浆机来操作，但应注意果皮和种子不要被磨碎。破碎时，可加入适量的维生素 C 等抗氧化剂，以改善果汁的色泽和营养价值。

（二）榨汁前预处理

果品原料经破碎成为果浆，这时果品组织被破坏，各种酶从破碎的细胞组织中逸出，活力大大增强，同时果品表面急剧扩大，大量吸收氧，致使果浆发生各种氧化反应。此外，果浆又为来自原料、空气、设备的微生物生长繁殖提供了良好的营养条件，极易使其腐败变质；由此，必须对果浆及时采取措施，钝化果品原料自身含有的酶，抑制微生物繁殖，保证果汁的质量，同时，提高果浆的出汁率。通常采用加热处理和酶法处理工艺。

李子、葡萄、山楂等果品破碎后采用热处理，可以使细胞原生质中的蛋白质凝固，改变细胞的通透性，同时果肉软化，果胶物质水解，降低汁液黏度，提高出汁率。还有利于色素溶解和风味物质的溶出，并能杀死大部分微生物。一般热处理条件为60℃～70℃、15～30 分钟。但应注意，果浆加热时会提高果浆水溶性果胶含量，易使果浆的排汁通道产生不利的变化，如堵塞或者变细，导致出汁率下降。因此，制造澄清果汁或采用果胶含量丰富的果品原料时，一般不进行热处理。采用热交换器进行热处理时，应尽可能地迅速加热，并使果浆做紊流流动，以免局部过热。

对于果胶含量丰富的核果类和浆果类果品，在榨汁前添加一定量的果胶酶可以有效地分解果肉组织中的果胶物质，使果汁黏度降低，容易榨汁、过滤，提高出汁率。添加果胶酶时，应使酶与果浆混合均匀，并控制加酶量、作用温度和时间。如用量不足或时间短，果胶物质分解不完全；反之，分解过度，影响产品质量。

（三）榨汁和浸提

由于果品原料种类繁多，制汁性能各异，所以，制造不同的果汁，应依据果品的结构、汁液存在的部位和组织理化性状，以及成品的品质要求来选用相适应的制汁方法和设备。欧洲绝大多数果汁生产企业都采用压榨取汁工艺。

果实的出汁率取决于果实的种类、品种、质地、成熟度以及新鲜度、加工季节、榨汁方法和榨汁效能。从一定意义上说，它既反映果品自身的加工性状，也体现加工设备的压榨性能。目前，国内外通常采用的计算公式为：

出汁率＝榨出的汁液质量/被加工的果品质量×100％

在浸提法中，也有用可溶性固形物获得量与可溶性固形物总含量的比值来表示出汁率的，计算公式为：

$$出汁率＝100\%-\frac{100\%×渣中的可溶性固性物含量/渣中的不可溶性固性物含量}{果浆中的可溶性固形物含量/果浆中的不可溶性固形物含量}$$

这个公式所求得的出汁率是表示从果品原料或果浆中提取出来的可溶性固形物的多少，并没有考虑到掺水的因素。

出汁率还受挤压压力、果浆预加工、挤压层厚度、挤压速度、挤压时间、挤压温度和预排汁等工艺参数的共同影响，其中破碎和挤压层厚度对出汁率有重要影响。对适当破碎的浆料先进行薄层化处理，再加压榨汁，可使果汁排出流畅。另外，进行预排汁能够显著地提高榨汁机的出汁率和榨汁效率。总之，出汁率取决于果品原料细胞组织的破碎程度和整个榨汁工艺过程，尤其是汁液的排出过程以及液体与固体成分的分离过程。在生产实际中，应掌握出汁率与这些工艺影响因素的相互关系，以寻求最佳榨汁工艺。

在榨汁过程中，为了改善果浆的组织结构，提高出汁率或缩短榨汁时间，往往使用一些榨汁助剂，如稻糠、硅藻土、珠光岩、人造纤维和木纤维等。榨汁助剂的添加量，取决于榨汁设备的工作方式、榨汁助剂的种类和性质以及果浆的组织结构等。如压榨苹果时，添加量为 0.5％～2％，可提高出汁率 6％～20％。使用榨汁助剂时，应均匀地分布于果浆中。

榨取果汁要求工艺过程短，出汁率高，最大限度地防止和减轻果汁的色香味和营养成分的损失。现代榨汁工艺还要求灵活性和连续性，以适应原料状况的各种变化，提高榨汁设备的效能，缩短榨汁时间，减少设备内的滞留量，维持高而稳定的生产能力和始终如一的高品质产品。

浸提是把果品细胞内的汁液转移到液态浸提介质中的过程。浸提工艺的应用越来越受到人们的重视，现在在多次取汁工艺中应用于浸提果浆渣中的残存汁液。在我国，对一些汁液含量较少，难以用压榨方法取汁的果品原料，如山楂、梅、酸枣等采用浸提工艺，但浸提温度高、时间长、果汁质量差。国外常用低温浸提，温度为40℃～65℃，时间为60分钟左右，浸提汁色泽明亮，易于澄清处理，氧化程度小，微生物含量低，芳香成分含量高，适于生产各种果汁饮料，是一种可行的、有前途的加工工艺。

二、澄清和过滤

（一）澄清

一般在澄清之前先进行粗滤，以除去分散在果汁中的粗大颗料或悬浮料。粗滤可在榨汁过程中进行，也可用筛滤设备单独操作。

1. 酶法澄清　酶法澄清是利用果胶酶、淀粉酶等来分解果汁中的果胶物质和淀粉等达到澄清目的。用来澄清果汁的商品酶制剂主要是果胶酶，此外还有一定数量的淀粉酶等。

大多数果汁中含有0.2%～0.5%的果胶物质。它具有强烈的水合能力，特别是可溶性果胶以保护胶体形式裹覆在许多混浊物颗料表面，而阻碍果汁的澄清。使用果胶酶，使果汁中果胶物质降解，生成聚半乳糖醛酸和其他产物，而失去胶凝作用，混浊物颗料就会相互聚集，形成絮状沉淀。使用果胶酶应注意反应温度与处理时间，通常控制在55℃以下。反应的最佳pH值因果胶酶种类不同而异，一般在弱酸性条件下进行，pH值为3.5～5.5。酶制剂可直接加入榨出的新鲜果汁中，也可在果汁加热杀菌后加入。榨出的新鲜果汁未经加热处理，直接加入酶制剂，这样果汁中天然果胶酶可起协同作用，使澄清速度加快。有些果品中氧化酶活力较高，鲜果汁在空气中存放易氧化而产生褐变，可将果汁经 80℃～85℃ 短时加热灭酶，冷至 55℃ 以下再进行酶处理。常与明胶结合使用。

未成熟的仁果类果品原料含淀粉，采用先进榨汁设备时，常常使大量的淀粉进入果汁中。现代加工技术往往是连续作业，果汁进入热交换器后，淀粉糊化并逐渐老化，以悬浮状态存在于果汁中而难以除去，特别是灌装后能以淀粉—单宁络合物形式出现而导致后混浊，在这种情况下，使用淀粉酶分解淀粉，以 30℃～35℃ 为适宜。

酶制剂用量视果汁性质和酶活力而定，生产中按照使用说明，通过预备试验确定最佳用量。

2. 澄清剂澄清

（1）明胶澄清法　明胶是果汁加工中使用广泛的澄清剂。它能够与果汁中的单宁、果胶和其他成分反应，形成明胶单宁酸盐络合物和果胶—明胶单宁络合物，随着络合物的凝聚并吸附果汁中其他悬浮颗料，最后沉降至容器底部。另外，果胶、纤维素、单宁及多聚戊糖等胶体粒子带负电荷，酸介质、明胶带正电荷，明胶分子与胶体粒子相互吸引并凝聚沉淀，使果汁澄清。果汁的 pH 值和存在的电解质，特别是 3 价铁离子能影响明胶的凝聚能力，明胶本身的等电点也能影响明胶的沉淀性能。明胶用量一般为 10～200 克/100 升果汁，明胶溶液浓度为 5%～10%，通常把明胶溶于 40℃ 水中制备成明胶溶液。因果汁种类和明胶种类不同，生产上对每种果汁均须进行明胶澄清试验，以确定添加量。

果汁的果胶含量越高，所需明胶量越大，许多工厂中采用酶—明胶澄清工艺，即在果胶酶处理果汁 1～2 小时后，再用明胶澄清。单独使用明胶澄清，对于一些多酚物质含量过高或过低的果汁澄清效果不佳，而且，明胶最佳处理温度在 20℃～25℃ 之间，温度过高，会使明胶溶于果汁中，过量的明胶还能使果汁饮料出现后混浊。因此，采用硅胶—明胶澄清处理，一般在明胶添加之前加入浓度为 15％ 的硅胶溶液。硅胶粒子呈负电性，能与果汁中呈正电性的明胶、蛋白质粒子结合而沉淀，使用温度在 22℃～55℃ 之间，用量为明胶的 10～15 倍。对于多酚物质含量很低的而难以澄清的果汁，可添加单宁，以平衡多酚物质含量，通常先于明胶加入果汁中，添加量一般为 5～15 克/100 升鲜果汁，处理温度 10℃，澄清效果最佳。

（2）膨润土澄清法　膨润土能通过吸附反应和离子交换反应排除果汁中的蛋白质。在果汁中，膨润土呈负电性，能消除过量明胶作用，还能吸附导致果汁发酵的成分以及酶类、多酚物质、残留农药、生物胺、气味物质和滋味物质等。一般来说，钠－膨润土的澄清性能优于钙－膨润土。最佳使用温度为 35℃ 左右，添加量为 30～150 克/100 升，通常与明胶、硅胶结合使用，以硅胶（30％溶液，25～50 毫升/100 升）－明胶（5～10 克/100 升）－膨润土（50～100 克/100 升）添加顺序为佳。使用膨润土的缺点是果汁中金属离子增加，能吸附色素和具有脱酸作用。

（3）加热凝聚法　果汁中的胶体物质易因加热而凝聚沉淀下来，方法是在 80～90 秒内加热果汁温度至 80℃～82℃，然后以同样的时间迅速冷却至室温，使果汁中蛋白质和胶体物质变性而沉淀析出。加热凝聚法的优点是结合巴氏杀菌同时进行加热。

（4）冷冻澄清法　冷冻改变胶体的性质，使胶体浓缩和脱水，在解冻时形成沉淀。苹果汁、葡萄汁、草莓汁用此法澄清效果较佳。

其他还有聚酰胺、蜂蜜、甲壳素、琼脂等可用于澄清。

3. 超滤澄清　超滤法是一种机械分离方法，利用膜孔选择性筛分作用，在压力驱动下，把溶液中的微粒悬浮物、胶体和高分子等物质与溶剂和小分子溶质分开（图 6-1）。用于溶质相对分子质量与溶剂相对分子质量差 100 倍以上情况下的分离，即分离相对分子质量为 1000～50 000 的溶质分子。一般使用的超滤膜是聚丙烯膜和其他聚烯烃系的膜，也可使用醋酸纤维素膜。使用超滤法的优点是：可以在密闭回路中操作，不会受到氧化影响；不发生相的变化下操作，挥发性成分损失小；可以实现自动化。从成品质量方面看，是一种理想的果汁澄清法。

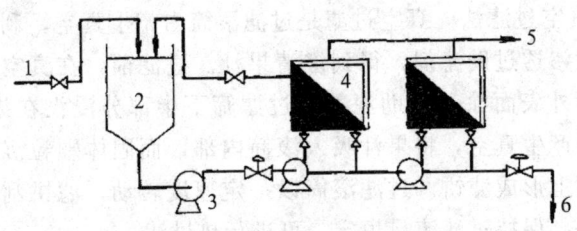

图 6—1　超滤装置简图

1. 进料　2. 贮罐　3. 泵　4. 超滤器　5. 透过液　6. 截留液

近年来，超滤澄清工艺应用最为广泛的是苹果汁澄清，将压榨的苹果汁在 50℃ 左右的温度下酶处理 1 小时左右，再进行超滤，然后将果汁浓缩到 70°Bx。超滤用来澄清柑橘汁、葡萄汁、梨汁等也取得了成功。

（二）过滤

1. 压滤法　果汁压滤可采用硅藻土和板框式过滤设备。

（1）过滤层过滤　用石棉和纤维等过滤材料与黏结剂混合、干燥后制成一次性使用的过滤层。使用时，过滤层固定在滤框上，果汁一次性通过过滤层。过滤速度取决于果汁的物理化学性质、过滤层的物理结构和孔隙度及过滤压力。过滤层的过滤范围是由过滤材料的性质决定的，有不同的规格型号，可根据情况选用。

（2）硅藻土过滤　用硅藻土作为过滤材料。过滤时，用硅藻土配料器把硅藻土添加到混浊果汁中，经过一段规定的时间之后，当硅藻土沉积层在滤板上的厚度达 2～3 毫米（450～800 克/米^2）时，形成过滤能力，只要硅藻土沉积层没有被堵塞，就可以连续过滤。硅藻土的需要量、滤板表面积和负荷硅藻土量等因素影响过滤效率。40 厘米×40 厘米的板框可容纳 1.5 千克的硅藻土，60 厘米×60 厘米的板框可容纳 4 千克硅藻土。一般苹果汁过滤需用硅藻土 1~2 千克/1000 升，葡萄汁 3 千克/1000 升，其他果汁 4~6 千克/1000 升。硅藻土过滤可用于预过滤。

2. 真空过滤法 真空过滤是过滤滚筒内产生真空，利用压力差使果汁渗透过助滤剂，得到澄清果汁。过滤前，在真空过滤器的过滤筛外表面涂一层助滤剂，过滤筛下半部分浸没在果汁中。经真空泵产生真空，将果汁吸入滚筒内部，而固体颗粒沉积在过滤层表面上形成滤饼。过滤滚筒以一定速度转动，滤饼刮刀不断刮除滤饼，保持过滤流量恒定。可进行热过滤。

3. 离心分离法 真空过滤是利用压力差来完成固液分离，而离心分离是利用外加的重力场来完成固液分离的。常用各式离心分离设备来排除果汁中的混浊物。

三、均质和脱气

（一）均质

均质是混浊果汁制造中的特有工序。均质的目的是使混浊果汁中的不同粒度、不同相对密度的果肉颗粒进一步破碎并使之均匀，促进果胶渗出，增加果汁与果胶的亲和力，抑制果汁分层并产生沉淀现象，使果汁保持均一稳定。

要使果肉颗粒能够均匀地分布在混浊果汁饮料中，就必须使果肉颗粒在饮料中的沉降速度尽可能地接近于零。根据斯托克斯定律，为了使果肉颗粒的沉降速度接近于零，就应尽可能地减小果肉颗粒的粒度，使混浊果汁饮料具有一定的黏度，并尽可能减少果肉颗粒与汁液之间的密度差。现代果汁加工业常采用胶体磨，先将颗料磨细，再经均质机均质，从而使细小颗粒悬浮。

（二）脱气

脱气，即除去果汁中的空气，主要是消除氧，防止或减轻果汁中由于色素、维生素 C、芳香成分和其他物质的氧化而导致饮料质量下降，去除附着于悬浮微粒上的气体，降低果肉颗粒与汁液的密度差值。脱气时为避免挥发性芳香物质的损失,必要时可进行芳香物质的回收。常用脱气方法有真空脱气法、气体交换法、酶法脱气和抗氧化剂法等。

1. 真空脱气法 是利用气体在液体内的溶解度与该气体在液面的分压成正比的原理,进行真空脱气。液面上的压力逐渐降低,溶解在果汁中的气体不断逸出,直至降至果汁的蒸气压时,达到平衡状态,这时所有气体被脱除。达到平衡时所需要的时间,取决于溶解的气体逸出速度和气体排至大气的速度。

真空脱气采用脱气设备进行。真空度维持在 90.7～93.3 千帕(680～700 毫米汞柱),果汁脱气温度 50℃～70℃,采用离心喷雾、压力喷雾和薄膜流方法,使果汁分散成薄膜或雾状,以扩大果汁表面积,有利于脱气。脱气时间取决于果汁性状、温度和果汁在脱气罐内状态。对于黏稠的果品原浆应适当延长脱气时间。真空脱气一般与热交换器、均质机相连,以保证连续化生产。

2. 气体交换法 它是采用气体分配阀把惰性气体如氮、二氧化碳压入或鼓入含氧的饮料中,使果汁在氮的泡沫流强烈冲击下失去所附着的氧,最后剩余的几乎全是氮。气体交换法能减少挥发性芳香物质的损失,有利于防止加工过程中的氧化变色。

3. 酶法脱气 在果汁中加入葡萄糖氧化酶,可使葡萄糖氧化生成葡萄糖酸和过氧化氢。接触酶(过氧化氢酶)可使过氧化氢分解为水和氧,氧又消耗在葡萄糖氧化成葡萄糖酸的过程中,因此具有脱气作用。

四、浓缩

浓缩可以把果汁的固形物从 5%～20%提高到 60%～75%,体积缩小为原来体积的 1/7～1/6。浓缩汁的浓缩程度可以用浓缩汁的固形物含量(°Bx)糖度来表示,也可以用浓缩倍数,即果品汁质量比浓缩汁质量或者果汁固形物含量比浓缩汁固形物含量来表示。

(一)真空浓缩法

此法是采用真空浓缩设备在减压条件下加热,降低果汁沸点温度，使果汁中的水分迅速蒸发，这样既可缩短浓缩时间，又能较好地保持果汁质量。目前已成为制造各种果品浓缩汁的最重要的和使用最为广泛的一种浓缩方法。

真空浓缩设备由蒸发器、分离器、冷凝器和附属设备等组成。按加热蒸汽利用次数来分，有单效浓缩设备和多效浓缩设备；按蒸发器中加热器的结构特征来分，有各种管式蒸发器、板式蒸发器、薄膜式蒸发器和离心薄膜蒸发器等。

（二）冷冻浓缩法

冷冻浓缩是利用冰与水溶液之间的固液相平衡原理的一种浓缩方法。它是将果汁冷却到其浓度相应的冰点温度，此时果汁中的水即形成冰晶，将冰晶分离，果汁中的可溶性固形物就得以浓缩，即可得到浓缩果汁。冷冻浓缩的工艺过程可分为两个阶段，首先是部分水从果品中结晶析出，然后将冰晶与浓缩液分离。

冷冻浓缩工艺特别适用于热敏性果汁的浓缩。一般冷冻浓缩汁浓度可达到 $40° \sim 50°Bx$。

冷冻浓缩结晶过程以两种形式进行：一种是在管式、板式、转鼓式以及带式设备中进行的层状冻结，另一种是在受搅拌的冰晶悬浮液中进行的悬浮冻结。冰晶分离方法主要是利用悬浮液过滤的原理，用压缩机、过滤式离心分离机、洗涤塔等组合而成的分离装置进行分离操作。

（三）反渗透浓缩法

反渗透浓缩是在常温下选择性地从溶液中排除水的工艺，其关键取决于半透膜的选择性和排除水的渗透速度。目前果汁加工业采用的主要是醋酸纤维素膜和其他纤维素膜。渗透速度依施加压力、温度和果汁黏度而定。所需压力由泵或其他方法来提供（图6-2）。

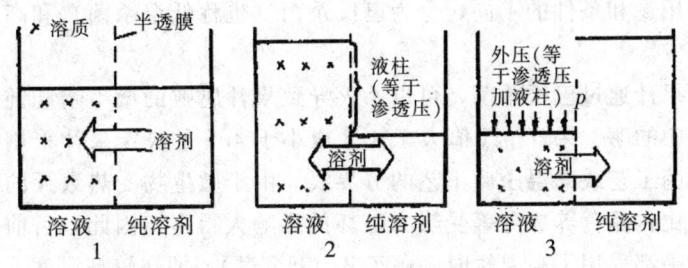

图6-2 渗透与反渗透原理

1. 渗透 2. 动平衡 3. 反渗透

果汁是一种糖、酸、芳香物质和果胶物质等复杂化学成分组成的水溶液，其中糖和有机酸是果汁产生渗透压的主要成分，但在反渗透浓缩时较易控制，可以在高渗透速度下得到浓缩。果汁中的果胶物质，虽然对渗透压不会增加多少，但果胶物质的存在，会增加果汁的糖度，从而影响到泵的性能、物料的流动和膜面沉淀物的排除等。反渗透浓缩汁的经济浓缩度在 25°Bx 左右，主要作为果汁的预浓缩工艺。

（四）干燥浓缩法

干燥浓缩工艺是通过滚筒干燥、喷雾干燥、真空干燥、泡沫干燥、冷冻干燥等方法排除果汁中的绝大部分的水，制成含水量 1%～4% 的粉状、细粒状或屑状的果汁粉，用于焙烤工业和甜食工业，制造布丁、果品冰淇淋、甜食赋色物质和固体饮料等等。为改变产品的吸湿性和热塑性能，往往在果汁中添加占产品固形物总量 5%～50% 的干燥辅助剂，如乳糖、果胶、藻酸盐、淀粉和纤维素衍生物等。

五、杀菌和灌装

果汁的杀菌工艺正确与否，不仅影响产品的保藏性，而且影响产品的质量。目前，杀菌方法有加热杀菌和非加热杀菌（也称冷杀菌）两大类。由于加热杀菌有可靠、简便和投资小等特点，在现代果汁加工中，加热杀菌仍是应用最普遍的方法。加热杀菌根据用途和条件的不同，分为巴氏杀菌（也称低温杀菌）和高温杀菌。

果汁通过巴氏杀菌，可以杀灭导致果汁腐败的微生物和钝化果汁中的酶。果汁 pH 值大于 4.5 或小于 4.5 是决定果汁采用巴氏杀菌工艺或高温杀菌工艺的分界线。由于微生物受热致死的影响要比食品营养成分等受热力破坏的影响大得多，因此，目前果汁几乎都采用了高温短时杀菌工艺（HTST），即在较高温度下用较短的加热时间杀灭食品和容器内的微生物。它同常规的低温长时巴氏杀菌（75℃～85℃）工艺相比，不仅杀菌效果显著，而且 HTST 所导致的食品营养成分损失要小得多，一般杀菌条件为（93±2）℃保持 15～30 秒。巴氏杀菌设备使用最为广泛的是板式热交换器和管式热交换器。为了防止果汁受到微生物的再污染，果汁经灌装后常进行间歇式或连续式二次杀菌，杀菌设备有杀菌锅、隧道式热水或蒸汽杀菌机等。杀菌温度取决于果汁的 pH 值、微生物的数量和种类、容器的材料和大小等。对于玻璃容器，应避免过度的骤变温度刺激，严格控制温差在 25℃之内。另外，还可以采用热灌装工艺对果汁进行二次杀菌，用板式换热器加热果汁至 85℃～87℃，趁热灌入预热后的容器内封口并冷却。

目前，无菌包装技术的快速发展，使越来越多的企业采用超高温杀菌（UHT）工艺，对果汁杀菌后进行无菌灌装。无菌包装是指预先经过杀菌的食品，在无菌的环境下，充填并密封于无菌容器中。

无菌包装系统主要包括 3 部分：一是包装前食品物料瞬时杀菌工艺，二是无菌包装设备，三是无菌包装材料。在无菌包装中，食品灭菌常用蒸汽超高温瞬时灭菌（UHT 灭菌）；包装容器有金属罐、玻璃罐、纸、塑料薄膜及各种复合材料。金属容器大都用过热蒸气和干热空气来热灭菌，塑料容器、复合塑料袋和纸包装一般采用过氧化氢、环氧乙烷和辐射等方法灭菌。随着果汁饮料的发展、无菌包装将广泛地应用于饮料生产中。

第三节 果汁加工工艺实例

一、柑橘汁

柑橘汁在果汁国际贸易中约占一半，且以甜橙汁和浓缩橙汁为主。柑橘主产国有巴西、美国、日本、意大利、西班牙等。我国柑橘生产历史悠久，品种多，产量大，质量好，目前柑橘汁在果品汁饮料中也占主导地位。依果汁含量不同可分为柑橘汁、柑橘汁饮料和柑橘汁清凉饮料等。

（一）工艺流程

甜橙→检验→中间贮存→拣选、清洗→除油→榨汁打浆→中间贮存→过滤、离心→调配→脱气→巴氏杀菌→灌装→冷却→甜橙汁

（二）操作要点

1. 原料选择　原料进厂后按制汁质量要求进行原料检验，弃除病害果、未成熟果、枯果、过熟果和机械损伤果等不合格的果实后进行中间贮存，注意贮存时间不宜过长，尽量避免新鲜度下降进而影响果汁质量。

2. 清洗、拣选　原料经流水输送至清洗设备中，在含有清洗剂的水中短时浸泡，用毛刷式或鼓风式清洗机清洗，并用含氯10～30毫克/千克的清洗水喷淋后经清洁水冲洗，然后重新剔除漏剔的不合格果实，经分级机送往榨汁机榨汁。

3. 除油、榨汁　榨汁前先用除油机除去甜橙油，用针刺或搓擦方法使甜橙油从外皮中流出并被喷淋水带走，通过离心分离将其分离出来。分离油后的果实在专用柑橘榨汁机中榨汁，如FMC柑橘榨汁机、布朗柑橘榨汁机、剖分式榨汁机等。用柑橘榨汁机榨汁，一般出汁率为40%～50%。

4. 过滤、离心分离　不同榨汁方式应采用不同粗滤方法除去果汁中夹杂的果皮碎片、粗果肉颗粒、种子等，榨汁机一般附有粗滤设备。经粗滤的果汁立即送往精滤机进行精滤或者用离心分

离方法分离果汁中细小的果肉颗粒。应注意榨汁机和精滤机对果汁质地和风味产生的不利影响，保持3％～5％的果肉含量，可使果汁具有良好的色泽、浊度和风味。

5. 调配　精滤后的果汁流到调配罐中，调制果汁的糖度、酸度和其他理化指标。不同批次的果汁可以调配，以保证果汁品质和成分的一致性。

6. 脱气、杀菌　果汁脱气可以改进风味、色泽稳定性，防止营养成分损失，提高灌装均匀度和杀菌效率等。对含油量很低的甜橙汁，可以在常温下进行真空脱气。对含油量较高的甜橙汁，可以在脱气同时完成脱油，一般在用真空蒸发器在50℃～52℃下操作，这种情况下会蒸发掉果汁中3％～6％的水分，甜橙油可脱除75％左右。通常甜橙汁中宜保留0.015％～0.025％的甜橙油。

为钝化果胶酶，保证甜橙汁的胶体稳定性，工业化生产采用板式或管式热交换器在86℃～99℃之间进行高温短时杀菌。

7. 灌装、冷却　巴氏杀菌后的果汁多采用热灌装，灌装过程中应防止空气混入果汁，并尽量减少包装容器的缝隙。缩短杀菌后到冷却之间的时间，防止果汁品质下降。对于纸质包装容器采用冷灌装，将果汁杀菌后通过热交换器冷却至5℃左右再灌装、密封，或者在无菌条件下无菌灌装。

二、山楂汁

山楂是我国特色果品，不仅有独特的风味和富含营养，而且还有一定的保健和疗效作用。但是绝大多数山楂品种含酸量过高，不宜鲜食。目前我国有两种山楂澄清汁制造工艺：热浸提工艺和酶处理工艺。相比之下，酶处理工艺，不仅感官质量好，营养成分损失少，而且山楂原汁含量比前者高得多，从而大大降低了浓缩成本。

（一）工艺流程

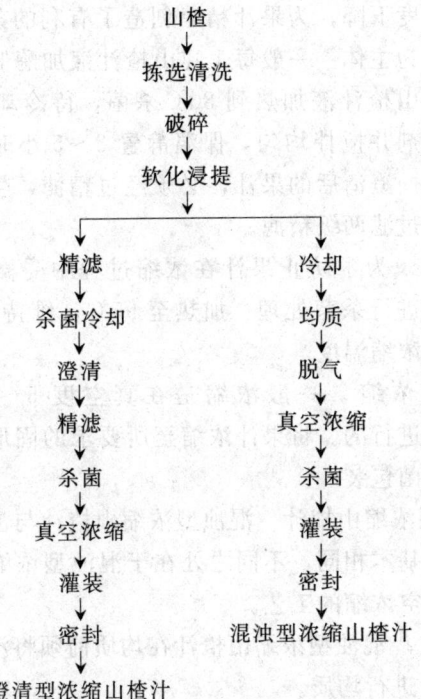

（二）操作要点

1. 澄清型浓缩山楂汁

（1）拣选、清洗、破碎　拣选出原料中所夹带果叶、草棍等杂质及腐烂果，并用流动水清洗，以去除果面尘土及残留农药。

（2）浸提、粗滤　将破碎果块与水一起加热软化，并静置浸提，再通过浆渣分离器进行粗滤。为防止果汁发酵腐败，在澄清前先杀菌。

（3）澄清、精滤　澄清时，在果汁中添加适量酶制剂，可以提高山楂汁及其饮料的稳定性和透明度。酶制剂将果汁中所含的果胶等高分子化合物水解为低分子化合物，使果汁的糖度明显下降，同时可使悬浮的微小果粒等果物沉淀，从而获得良好的澄清效果。由于黏度下降，为果汁精滤创造了有利的条件。所用酶制剂应以果胶酶为主体。一般每1吨山楂汁液加酶制剂2～4千克。方法为：先将山楂汁液加热到80℃杀菌，待冷却到30℃～37℃时，加入酶制剂并搅拌均匀，保温静置3～5小时后即可获得良好的澄清效果。澄清后的果汁，必须经过精滤，生产上可选用离心分离－棉饼过滤两级精滤。

（4）杀菌　为了防止果汁在浓缩过程中受微生物和酶的影响。浓缩前应进行杀菌处理。加热至95℃，维持15～30秒，然后迅速降温至浓缩温度。

（5）真空浓缩　一般浓缩是在真空度5～8千帕，温度50℃～60℃下进行的。将果汁浓缩至所要求的固形物含量后迅速冷却，进行无菌包装。

2. 混浊型浓缩山楂汁　混浊型浓缩山楂汁与澄清型浓缩山楂汁的工艺要点基本相同。不同之处在于混浊型浓缩山楂汁需要脱气、均质和真空浓缩的工艺。

（1）均质　混浊型浓缩山楂汁在均质前须将浸提液迅速冷却到20℃，然后进行均质。

（2）脱气　脱气条件为真空度0.74～0.86兆帕，果汁温度20℃。

（3）浓缩　真空浓缩时，罐内真空度为0.84～0.90兆帕，输入果汁温度为20℃，罐内果汁加热温度为48℃～55℃。待罐内水变成蒸汽后，通过管道，喷射排出，从而得到混浊浓缩山楂汁。

（4）杀菌　混浊浓缩山楂汁一般采取超高温瞬时灭菌。将浓缩果汁输入超高温灭菌机中，在双套盘管内得到预热，然后进入高温桶内，很快加热到115℃，并保温3秒以上，这时果汁中的细菌立刻被杀死。然后将果汁迅速冷却到30℃以下，趁热灌装封口，或冷灌装后无菌封口。

三、苹果汁

苹果汁可分为澄清苹果汁、混浊苹果汁、浓缩苹果汁等。下面分别介绍它们的加工技术。

（一）苹果汁加工工艺流程

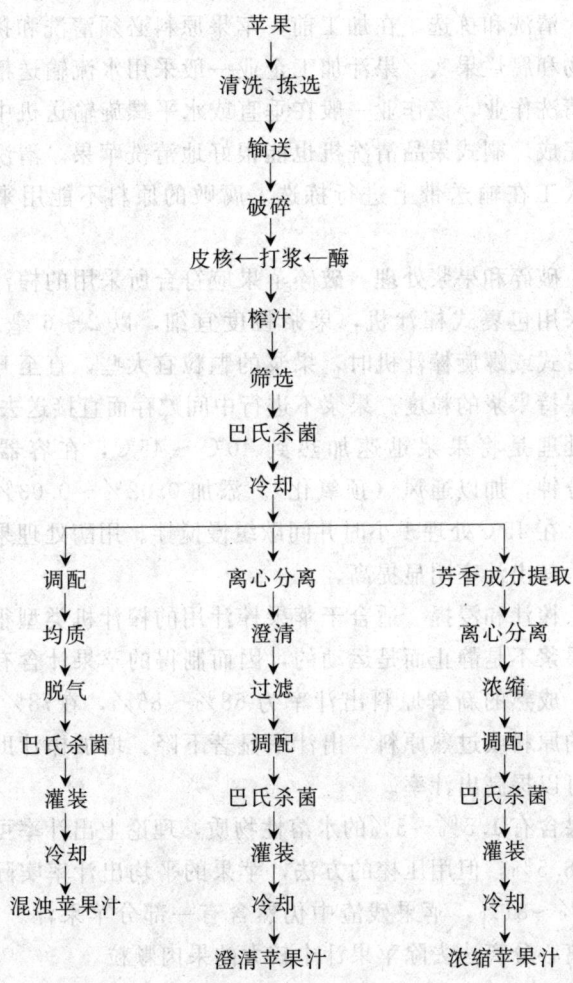

苹果

↓

清洗、拣选

↓

输送

↓

破碎

↓

皮核 ← 打浆 ← 酶

↓

榨汁

↓

筛选

↓

巴氏杀菌

↓

冷却

调配	离心分离	芳香成分提取
均质	澄清	离心分离
脱气	过滤	浓缩
巴氏杀菌	调配	调配
灌装	巴氏杀菌	巴氏杀菌
冷却	灌装	灌装
混浊苹果汁	冷却	冷却
	澄清苹果汁	浓缩苹果汁

（二）操作要点

1. 澄清苹果汁

（1）原料的进货与中间贮存　通常以散装或大筐包装形式进货。利用企业内部的仓库进行中间贮存。

（2）清洗和拣选　在加工前，苹果原料必须清洗和挑选，以清除污物和腐烂果实。果汁加工企业一般采用水流输送槽进行苹果的预清洗作业，该作业一般在垂直或水平螺旋输送机中用喷射水流来完成。刷式果品清洗机也能很好地清洗苹果。清洗前或清洗后由人工在输送带上进行拣选。腐败的原料不能用来加工苹果汁。

（3）破碎和果浆处理　破碎苹果应符合所采用的榨汁工艺的要求。采用包裹式榨汁机，果浆粒度宜细，以 2～6 毫米为佳；而采用带式或螺旋榨汁机时，果浆的颗粒宜大些，直至开始榨汁时始终保持果浆的粒度。果浆不进行中间贮存而直接送去榨汁。

酶处理是将果浆迅速加热到 40℃～45℃，在容器中搅拌15～20分钟，加以通风（预氧化）。添加 0.02%～0.03%高活力酶制剂，在 45℃处理 1 小时并间歇缓慢搅拌。用酶处理果浆制取苹果汁，其出汁率明显提高。

（4）榨汁和浸提　适合于苹果榨汁用的榨汁机类型很多，榨汁机中果浆不是静止而是运动的，因而制得的苹果汁含有大量的高聚物。成熟的新鲜原料出汁率为 68%～86%，在78%～81%。贮存过的原料或过熟原料，出汁率显著下降。增加榨汁助剂或加酶处理可以提高出汁率。

苹果含有 1.5%～5%的水溶性物质，理论上出汁率可以达到95%～98.5%，但用压榨的方法，苹果的平均出汁率实际上只能达到 78%～81%，苹果残渣中仍然含有一部分苹果汁。榨汁后，通常用离心分离法去除苹果汁中较大的果肉颗粒。

（5）澄清与过滤　苹果汁的澄清工艺十分重要，处理不当，在成品中很容易出现混浊和沉淀。如果是贮藏过的苹果原料，采用液压榨汁机或螺旋榨汁机榨汁，苹果汁中更易出现析出物或混浊物。通过酶处理不仅可以彻底分解高分子化合物——果胶、果肉颗粒和细胞碎片，还可以分解完全溶解在其中的简单化合物——半乳糖醛酸或低聚半乳糖醛酸。因此必须采用酶制剂、澄清剂及其他处理工艺来进行苹果汁澄清。

苹果汁常用的澄清剂有明胶或明胶—硅胶—膨润土复合澄清剂。处理前要进行预澄清试验来确定澄清剂的最佳添加量。澄清剂的使用量一般为明胶∶硅胶∶膨润土＝1∶10∶5。在澄清处理时，首先添加明胶溶液，混合均匀并沉淀 1～2 小时后再添加硅胶溶液。

苹果汁的澄清还必须考虑苹果汁中是否含有淀粉，只要在苹果原料中存在残留淀粉，也会大大影响澄清效果。在澄清前把苹果汁加热到 60℃～65℃以上，就会降低淀粉对澄清的影响。用专门的淀粉酶制剂或具有一定淀粉酶活力的果胶分解酶制剂都能分解果汁中的水溶性淀粉，淀粉酶制剂常用的添加量为 2～3 克/100 升果汁，在特殊情况下可增加用量，直到取得满意的酶处理效果为止。果汁的淀粉酶处理温度不宜超过 35℃，可同时使用淀粉酶和果胶酶。酶处理 6～12 小时可以完全分解果汁中的淀粉。

澄清后的果汁，用板框式过滤机或硅藻土过滤机过滤。

（6）成分调整　主要是糖和酸的调整。无论对苹果汁还是对其他的果汁，最重要的感官质量因素是糖酸比。用一般果实制成的果汁，糖酸比为（10∶1）～（15∶1）。但实际生产中，由于采用的原料不同，糖酸比有差异。只有通过成分调节才能得到满意风味。一般成品含糖量为 12％，酸度为 0.35％，并添加适量香料。但成分调整必须符合有关食品法规。

（7）杀菌　榨出的果汁，为了杀菌和钝化引起褐变的酶及果胶酶，促使热凝固物质凝固，应将果汁立即加热。常用的杀菌方法是巴氏杀菌或高温短时杀菌（HSTS）。苹果汁的 pH 值低于4.5，杀菌温度低于 100℃，也能杀灭果汁中的微生物。因此一般采用多管式或片式瞬间杀菌器，加热至 95℃以上，维持 15～30 秒，杀菌后趁热灌装。

（8）灌装　灌装容器有金属涂料罐和玻璃瓶。在现代化的果汁加工中，灌装机有真空灌装机、常压灌装机和反压灌装机及半自动灌装机。澄清苹果汁饮料通常采用热灌装工艺。

2. 混浊苹果汁　混浊苹果汁的加工与澄清苹果汁基本相同，不同的是混浊果汁不必澄清而须经脱气和均质等处理。

（1）脱气　一般在 0.08～0.09 兆帕的真空度和 40℃左右时进行脱气，可以把果汁的空气含量降低为 1.5%～2.0%（体积分数），但会蒸发 1%～2% 的水分，还会造成芳香物质损失。

（2）均质　均质设备有高压式、回转式和超声波式等。常用的高压均质机的均质压力为 9.8～18.6 兆帕，粒子细度可达 0.02 毫米左右。

3. 浓缩苹果汁　浓缩苹果汁体积小，可溶性固形物含量达到 65%～68%，可节约包装及运输费用，能使产品较长期保藏。

（1）果汁制取　果汁制取需要选择成熟、健全、优质的苹果原料才能制造出优质苹果浓缩汁。

（2）芳香物质回收　将果汁除去混浊物，经热交换器加热后泵入芳香物质回收装置中，芳香物质随水分蒸发一同逸出。在一般情况下，芳香物质回收时，以果汁水分蒸发量为 15%、苹果芳香物质浓缩液的浓度 1：150 时为最佳。

苹果芳香物质浓缩液的主要成分是碳基化合物，如乙烯醛和乙醛，在 1：150 的浓缩液中，其含量一般为 520～1500 毫克/升，而含酯量仅 190～890 毫克/升，游离酸含量仅 70～620 毫克/升。优质的芳香物质浓缩液的乙醇含量≤2.5%。

（3）澄清　澄清是浓缩前的一个重要的预处理措施。常用的几种苹果汁澄清工艺为：

在 50℃条件下加工果胶酶，处理 1～2 小时；在室温（20℃～25℃）下，果汁存放在大罐中进行冷法酶处理，处理时间为 6～8 小时；在无菌的果汁中加入无菌的酶制剂和澄清剂进行酶处理，2～3 天后，苹果汁中的果胶会完全溶解。仅分解果胶不进行澄清就开始浓缩。

（4）浓缩　苹果汁浓缩设备的蒸发时间通常为几秒钟或几分钟，蒸发温度通常为 55℃～60℃，有些浓缩设备的蒸发温度低到 30℃。在这样短的时间和这样低的蒸发温度下，不会产生使产品成分和感官质量出现不利的变化反应；如果浓缩设备的蒸发时间过长或蒸发温度过高，苹果浓缩汁会因为蔗糖的焦化和其他反应产物的出现而变色和变味。羟甲基糠醛含量可以用来判断果品浓缩汁和果汁的热处理效果。

浓缩的主要方法有真空浓缩、冷冻浓缩、反渗透浓缩。澄清果汁真空浓缩设备浓缩到 1/7～1/5，糖度 65%～68%。混浊浓缩果汁的糖度为 48°～50°Bx。因为果胶、糖和酸共存会形成一部分凝胶，所以混浊果汁浓缩限度为 1/4。

（5）灌装与贮存　从浓缩设备中流出的苹果浓缩汁应该迅速冷却到 10℃ 以下后灌装。如果采用低温蒸发浓缩设备进行浓缩，需要用板式热交换器把浓缩汁加热到 80℃，保温几十秒钟后热灌装，封口后迅速冷却。尽管浓缩汁已能抑制微生物的污染，但是为了防止出现质量变化，灌装后的浓缩汁应该在 0℃～4℃ 下冷藏。